Iranian Disease und *Institutional Gap*

Europäische Hochschulschriften
Publications Universitaires Européennes
European University Studies

Reihe V
Volks- und Betriebswirtschaft

Série V Series V
Sciences économiques, gestion d'entreprise
Economics and Management

Bd./Vol. 2331

PETER LANG
Frankfurt am Main · Berlin · Bern · New York · Paris · Wien

M. Reza Asghari

Iranian Disease und *Institutional Gap*

Zur Bedeutung des Erdölsektors und der Islamisierung von Institutionen für die iranische Volkswirtschaft

PETER LANG
Europäischer Verlag der Wissenschaften

Die Deutsche Bibliothek - CIP-Einheitsaufnahme

Asghari, M. Reza:

“Iranian disease” und “institutional gap” : zur Bedeutung des Erdölsektors und der Islamisierung von Institutionen für die iranische Volkswirtschaft / M. Reza Asghari. - Frankfurt am Main ; Berlin ; Bern ; New York ; Paris ; Wien : Lang, 1998
(Europäische Hochschulschriften : Reihe 5, Volks- und Betriebswirtschaft ; Bd. 2331)
Zugl.: Braunschweig, Techn. Univ., Diss., 1997
ISBN 3-631-32423-5

D 84
ISSN 0531-7339
ISBN 3-631-32423-5

Was gestern die Formel für den Erfolg war, wird morgen das Rezept für die Niederlage sein.

Arnold Glasow

Ohne Unterstützung meiner Familie konnte diese Arbeit nicht entstehen. Meine Widmung gilt meiner Frau Kristina und meinen Kindern Hendrik-Sassan und Dana.

Prof. Dr. Lang danke ich besonders für seine zahlreichen, fruchtbaren Diskussionen und Anregungen und für seine wissenschaftliche Unterstützung.

Ich danke Walter Wilkens, der sprachliche und inhaltliche Korrekturen vornehmen konnte, sowie meinen iranischen und deutschen Freunden, die mir bei der Entstehung dieser Arbeit eine große Hilfe waren.

Braunschweig, April 1998

Inhaltsverzeichnis

Abbildungsverzeichnis

Tabellenverzeichnis

Anhangsverzeichnis

Bemerkungen:

1) Die iranische Zeitrechnung beginnt mit der *Hedschra*, der Auswanderung des Propheten Mohammeds von Mekka nach Medina. Das iranische Jahr fängt am 21. März an.
In dieser Studie wurden die persischen Daten daher wie folgt umdatiert: Iranische Jahr + 621. So entspricht zum Beispiel: 01.01.1376≅ 21.03.97

2) Persische Quellen sind kursiv gedruckt. In den Fußnoten werden die Übersetzungen in eckigen Klammern aufgeführt.

1 Einleitung

1.1 Problemfeld und Zielsetzung der Untersuchung

Einem Viertel der Menschheit in etwa 100 Ländern der Erde geht es schlechter als vor zehn, zwanzig, ja dreißig Jahren. Binnen einer Generation hat sich der Abstand zwischen Nord und Süd verdoppelt.[1] Den Teufelskreis der Unterentwicklung zu durchbrechen gelang nur wenigen Entwicklungsländern. Dies war vor allem auf fehlendes Finanz- und Humankapital, aber auch auf einen niedrigen Sozialkapitalbestand[2] in diesen Ländern zurückzuführen.[3]

Der Iran hatte im Unterschied zu vielen Entwicklungsländern eine Chance, diesen Teufelskreis zu durchbrechen, denn er verfügte über ausreichendes Finanzkapital: Über 300 Mrd.$ nahm das Land allein durch Erdölexporte innerhalb von zwanzig Jahren, nämlich zwischen 1973 und 1993, ein. Dennoch gelang es dem Iran nicht, den Status eines Entwicklungslandes zu überwinden und Anschluß an die Industrienationen zu finden.

Die islamische Revolution im Jahre 1979, für die Millionen von Iranern auf die Straße gingen, erweckte die Hoffnung, nun eine nachhaltige Entwicklung vorantreiben zu können.

Die neu gegründete Republik erhob sogar den Anspruch auf einen „islamischen Sonderweg", der durch Abkopplung vom Westen und Rückbesinnung auf islamische Traditionen gekennzeichnet war. Dieser Weg sollte neben Kapitalismus und Sozialismus ein neues Muster für die Emanzipation der „Unterdrückten der Welt" (*Moßtazafin-e Dschahan*) werden.

In der vorliegenden Arbeit werden die ökonomischen Ergebnisse der Entwicklungspolitik des Iran, der sich als Führer der islamischen Welt versteht, aufgezeigt und seine Entwicklungschancen und –grenzen, auch im Hinblick auf den wachsenden Fundamentalismus, untersucht.

---

[1] Wernick, Christian: Die Dritte Welt rückt näher, in: Die Zeit, vom 26.07.96, S.1

[2] Zum Sozialkapitalbestand gehören u.a. Bildungswesen, Versorgungssystem, Verkehrs- und Kommunikationsinfrastruktur. Hierzu siehe auch Bender, D. (1990), S. 507

[3] Vgl. Bender, Dieter: Entwicklungspolitik, in: Bender/Berg u.a. (Hrsg.): Vahlens Kompendium der Wirtschaftstheorie und Wirtschaftspolitik, Band 2, 1990, S. 507f

Es soll untersucht werden, ob und inwieweit es der islamischen Republik gelungen ist, ihre entwicklungsökonomischen Ziele zu erreichen. Dabei geht es auch um die Frage, ob eine islamische Variante von Entwicklungspolitik - wie sie im Iran praktiziert wurde - zur Eröffnung neuer Entwicklungsperspektiven fähig ist.

Das nächste Anliegen der Studie ist es, die wachstumshemmenden Faktoren der iranischen Volkswirtschaft zu analysieren. Dabei soll gezeigt werden, wie der im Zuge des ersten Erdölschocks ausgelöste Ölexportboom zu tiefgreifenden Strukturveränderungen der Volkswirtschaft führte. Ferner wird der wesentliche Beitrag der auf der Basis des Rohstoffexports praktizierten Importsubstitution zu den vor- und nachrevolutionären Wirtschaftsproblemen des Iran dargestellt.

Ein weiteres Ziel der vorliegenden Arbeit ist es, den Einfluß der durch die islamische Revolution hervorgerufenen institutionellen Gegebenheiten auf die wirtschaftliche Entwicklung des Iran zu untersuchen. Hierbei liegt die These zugrunde, daß die ökonomische Entwicklung als ganzheitlicher Prozeß zu betrachten ist, der dem ökonomischen, politischen und kuturell-religiösen Umfeld im Iran gleichermaßen Rechnung tragen muß.

1.2 Der Gang der Untersuchung

Nach der Einleitung wird in Kapitel 2 der Ist-Zustand der iranischen Makroökonomie dargestellt und der Versuch unternommen, diesen in Beziehung zu setzen zu den in der Verfassung der Islamischen Republik Iran festgelegten wirtschaftspolitischen Zielen. Es soll untersucht werden, in welchem Ausmaß die islamische Revolution ihre ökonomischen Zielsetzungen erreicht, bzw. verfehlt hat.

In Kapitel 3 werden die realwirtschaftlichen Auswirkungen des Erdölexportes auf die iranische Volkswirtschaft untersucht. Hierfür wird das „Dutch-Disease-Modell“[4] als Analyseinstrument zugrunde gelegt (Abschnitt 2.1). Danach werden die Auswirkungen des Erdölexports auf den Industriesektor unter Berücksichtigung einer importsubstituierenden Industralisierungpolitik analysiert (Abschnitt 3). Es wird gezeigt, warum die rasch gewachsene iranische Industrie die ökonomischen Anforderungen, die sich aus dem Entwicklungsstand des Landes ergaben, nicht erfüllen konnte.

---

[4] s. Gregory, R.G.: Some Implications of the Growth of the Mineral Sector, in: Australian Journal of Agricultural Economics, 1976, Vol. 20, S.71-99 und Nafiger, E. Wayne: The Economics of Developing Countries, 1990, S.171f sowie Lang, Franz Peter: Exportboom und Deindustrialisierung, Hamburg, 1988, S.13ff.

Im 4. Kapitel werden die institutionellen Besonderheiten der islamischen Republik, *Institutional Gap*, unter Bezug auf den neuen Ansatz der Institutional Economics[5] erläutert (Abschnitt 4.1). Es folgt eine Analyse des Staatswesens und der Verfügungsrechtsstruktur der Islamischen Republik Iran (Abschnitt 4.3.1 bzw. 4.3.2).

Die Bedeutung der aus der islamischen Revolution hervorgegangenen religiösen Stiftungen für die iranische Wirtschaft wird in Abschnitt 4.3.3 diskutiert. [6]
Eine besondere institutionelle Veränderung nach der Revolution im Iran war die Islamisierung der Finanzmärkte, welche hohe Transaktionskosten verursachte (Abschnitt 4.4).

Mit der Untersuchung des Wirtschaftsprogrammes von Präsident Rafsandschani (Abschnitt 4.5) wird die Bedeutung institutioneller Faktoren für die Behinderung der Wirtschaftsentwicklung des Iran herausgearbeitet.

Der Abschnitt 4.7 geht auf eine besondere Institution ein, nämlich die islamische Variante der Aufklärung und Säkularisierung, und deren Bedeutung für die langfristige Entwicklung des Iran.

1.3 Zur Bedeutung des Iran für Wirtschaft und Politik der Bundesrepublik Deutschland

Eine entwicklungsökonomische Analyse des Iran ist für Deutschland aus ökonomischer und politischer Sicht von großer Bedeutung. Die effektive Gestaltung der traditionsreichen deutsch-iranischen Beziehungen auf einer stabilen Basis fordert, daß die in den letzten zwanzig Jahren im Iran vollzogenen tiefgreifenden Veränderungen der Wirtschaft und der Politik wissenschaftlich analysiert und daraus objektive Handlungsmöglichkeiten abgeleitet werden.

---

[5] s. Reuter, Norbert: Der Institutionalismus, Geschichte und Theorie der evolutionären Ökonomie, Marburg, 1996; North, Douglass C.: Institutions, Institutional Change and Economic Performance, 1990, S. 3f., und Langlois, R.N.: Economics as a process, Essays in the new Institutional Economics, S. 2f., sowie Nugent, J.B./Lin, J.Y.: Institutions and Economic Development, in: Behrman, J./Srinivasan, T.N.: Handbook of Development Economics, Vol. IIIa.

[6] Im deutschsprachigen Raum gibt es bislang wenig Literatur, welche sich mit der Wirtschaftsentwicklung der Islamischen Republik Iran unter Berücksichtigung ihrer besonderen ökonomischen und metaökonomischen Merkmale befaßt.

Die Deutsch-Iranische Industrie und Handelskammer, 1936 in Berlin gegründet, ist die älteste Kammer im Nahen Osten.[7] Die Handelsbeziehungen sind traditionell so ausgerichtet, daß der Großteil des Bedarfs an Industriegütern von Deutschland eingeführt wird. Der Aufbau der iranischen Industrie seit den 60'er Jahren vollzog sich parallel zum Ausbau der deutsch-iranischen Handelsbeziehungen. Deutschland ist der wichtigste Handelspartner unter mehr als 100 Ländern der Erde , zu denen Iran Wirtschaftsbeziehungen hält. Es konnte seine Position als Hauptlieferant des Iran auch in den Jahren nach der Revolution weiter behaupten.

Der Iran importiert aus der Bundesrepublik vor allem Maschinen (etwa 25% aller Einfuhren), chemische Erzeugnisse (16%), elektrotechnische Erzeugnisse (12%), Kraftfahrzeuge (14%) und Nahrungsmittel (7%).[8]

Abbildung 1-1: Hauptlieferländer des Iran 1996

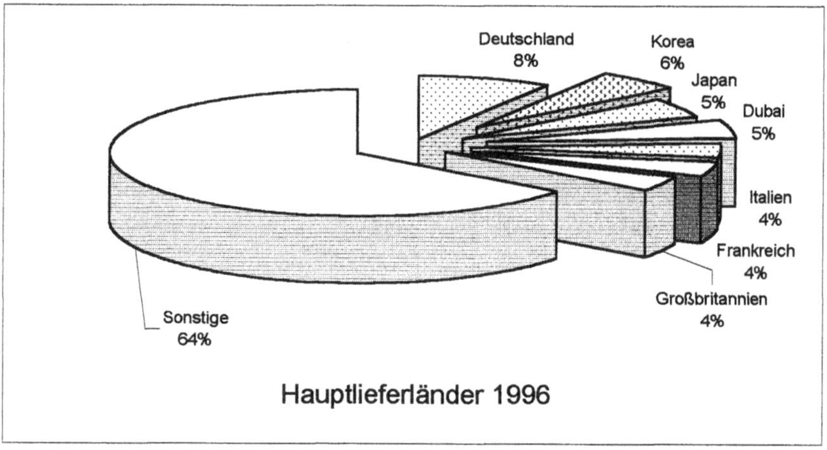

Quelle: bfai: Wirtschaftsdaten aktuell, IRAN, August 1997

[7] Kooroshy, Javad: Die wirtschaftliche Dimension der deutsch-iranischen Sonderbeziehung, in: Blätter für deutsche und internationale Politik 42 (1997) 1, S. 66, und Deutsch-Iranische Handelskammer (Hamburg) zum 50. Jahrestag der Kammer, 1986 Hamburg

[8] Ebenda, S.37

10% der Erdölreserven der Welt liegen im Iran.[9] Er ist der zweit wichtigste Erdölproduzent innerhalb vom OPEC und verfügt nach Rußland über die größten Erdgasreserven der Welt.
Mit einem Anteil von 18% an der Deckung des Erdölbedarfs der Bundesrepublik Deutschland war der Iran bis 1979 deren wichtigster Erdöllieferant.[10]
Das Erdöl macht heute, mit einem Anteil von 3% bis 5% an den deutschen Ölimporten, die Hälfte der Gesamtausfuhr des Iran in die Bundesrepublik aus.[11] Die andere Hälfte besteht aus Teppichen und Südfrüchten.[12] Die Bundesrepublik Deutschland ist weltweit der wichtigste Abnehmer iranischer Nicht-Ölprodukte.[13]

Abbildung 1-2: Der Warenverkehr zwischen dem Iran und der Bundesrepublik Deutschland (Mio. DM)

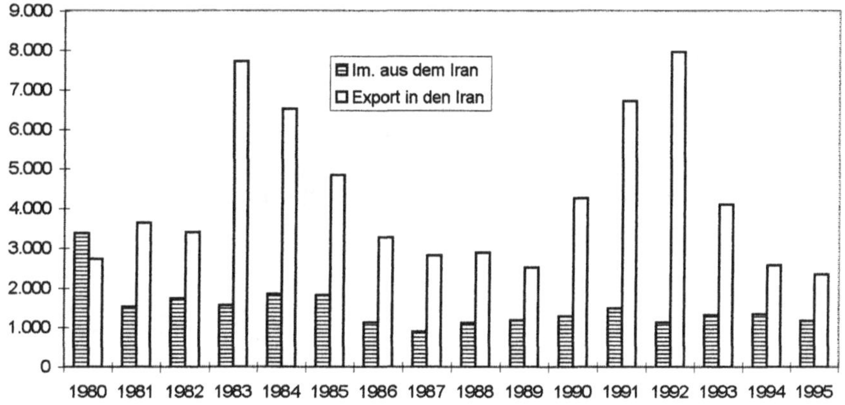

Quelle: Eigene Darstellung nach Angaben von der IHK zu Teheran, in: Wirtschaft im Iran, Jahrgänge 1980-87 und bfai: Iran am Jahreswechsel, für 1988-91

---

9 Bundesstelle für Außenhandelsinformation (bfai):Wirtschaftsdaten aktuell-IRAN-,April 1993

10 Wirtschaftswoche, Nr.48, 24.11.78, zit. nach Froneberg, Ulrike: Die Wirtschaftsbeziehungen BRD-Iran, in: Kritik, 1979, Nr.7, S. 53

11 bfai: Geschäftspartner Iran, 1992, S.36

12 Ebenda

13 Ebenda

Obwohl die USA vor der Revolution der drittgrößte Lieferant des Landes waren, spielen Importe aus den USA heute keine Rolle mehr. Auch wenn die Erdölexporte des Iran an amerikanische Erdölhändler in den 90'er Jahren drastisch zunahmen, wurde der Außenhandel mit den USA, als Folge der Wirtschaftsblockade im Mai 1995, beinahe auf Null reduziert. Demzufolge wurde die Bedeutung der Bundesrepublik für die iranische Wirtschaft unterstrichen.

Der Handel mit der Europäischen Union ist für den Iran von großer Bedeutung: 1993 wurden 45% des iranischen Außenhandels mit der EG abgewickelt.[14] 1995 lag dieser Betrag bei mehr als 50%.

Der Iran ist somit eines der wichtigsten Länder im Nahen Osten, dessen politisches Gewicht mit dem Zerfall der Sowjetunion und der Entstehung neuer Republiken in Mittelasien noch zunahm.

Der islamische Fundamentalismus, dessen politischer Ausdruck als eine Form der Staats- und Gesellschaftsführung zum ersten Mal im Iran zu verzeichnen war, drängt immer mehr in den Vordergrund der Weltpolitik. Der Iran kann als ein Versuchslabor betrachtet werden, in dem Entstehung und Entwicklung des islamischen Fundamentalismus wissenschaftlich erforscht und die Ergebnisse auf die anderen islamischen Länder angewendet werden können.

[14] IWF Statistiken, zit. nach Resalat vom *13 Khordad 1374* [03.06.1995], S. 11

1.4 Makroökonomische Bestandsaufnahme des Iran

- *Vergangenheit und Gegenwart* -

In zwei Dekaden vor 1975 verzeichnete der Iran ausgezeichnete, im Nahen Osten seltene Wachstumsraten. Das Pro-Kopf-Einkommen des Iran lag erheblich höher als das durchschnittliche Pro-Kopf-Einkommen der Länder des Nahen Ostens.[15] Mitte der 70'er Jahre lag das Bruttoinlandsprodukt pro Kopf doppel so hoch wie der Durchschnittswert der Region. Der Iran zählte zu den wenigen Entwicklungsländern, die ihren Abstand zu den Industrieländern abbauten.[16]

Die folgende Tabelle zeigt beispielsweise, daß das Pro-Kopf-BIP im Iran vor der Revolution 1975 mit 346$ mehr als doppelt so hoch wie in der Türkei war.

Tabelle 1-1: BIP pro Kopf* in verschiedenen Regionen 1960-90

	1960	1975	1990
Naher Osten	100	184	176
Iran	177	346	202
Türkei	96	169	222
Tunesien	65	122	173
Südkorea	53	138	396
Malaisen	84	159	304
Singapur	97	319	695
Taiwan	75	181	479
Thailand	56	100	212
Industrieländer	387	622	885

Quelle: World Bank, zit. nach Karshenas, Massoud, a.a.O., S:40 *: Die Zahlen sind auf der Basis der Preise 1985 in US$ ausgerechnet.

Das BIP des Iran war in dieser Zeit sogar höher als das der heutigen sogenannten asiatischen Tiger Singapur, Taiwan und Südkorea. Letztgenanntes lag mit einem

15 Karshenas, Massoud, Structural adjustment and the prospects of the Iranian economy, University of London, September 1995, persische Übersetzung, *Tadiel-e Sakhtari wa Tschemandazhay.e Egtezadi Iran*, in: Dschameeh Salem, Azar 1374, Nr.23, S. 38

16 Ebenda

Wert von 138$ weit hinter dem Iran. Zur selben Zeit betrug das BIP/Kopf im Iran fast das 3,5-fache des BIP von Thailand.
Der Produktionszuwachs im Iran betrug zwischen 1963-75 durchschnittlich 11,6%. Er sank jedoch von 1975-90 auf 1,5%.

Abbildung 1-3

BIP pro Kopf in verschieden Regionen 1960-90 in $

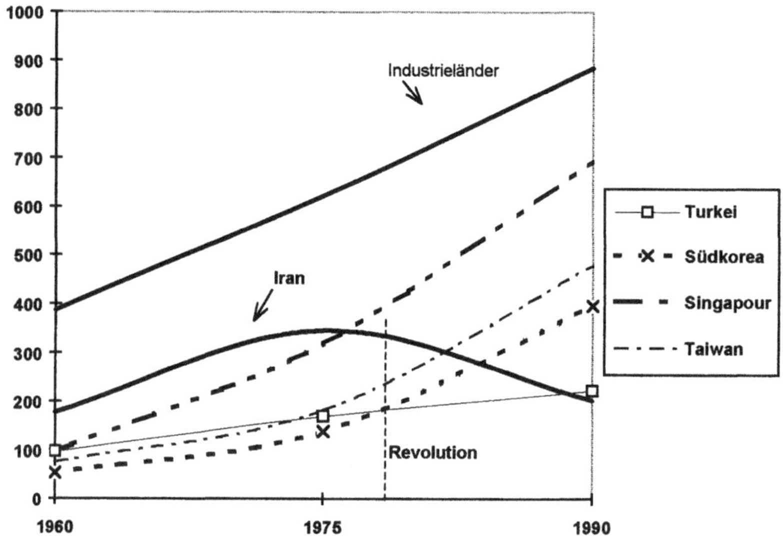

Quelle: Eigendarstellung nach Angaben von Karshenass, M., 1995, S.41

Nach langer wirtschaftlicher Überlegenheit des Iran gegenüber der Türkei liegt das Pro-Kopf-BIP der Türkei heute mit steigender Tendenz auf einem höheren Niveau als das des Iran. Das Pro-Kopf-BIP des Iran ist heute das niedrigste der genannten Länder und weist als einziges gegenüber diesen eine fallende Tendenz seines Pro-Kopf-BIP auf.

Die Arbeitsproduktivität ist seit der Revolution stark gesunken. Zwischen 1977 und 1990 nahm sie im Durchschnitt um 2,3% ab.[17] Die Arbeitsproduktivität entsprach 1993 dem Niveau des Jahres 1960.[18]
Neben dem Rückgang der Investitionen und der Devisenknappheit in der postrevolutionären Zeit, trug zur Senkung der Arbeitsproduktivität die Tatsache bei, daß trotz stagnierender Produktion in den staatlichen und in den zu religiösen Stiftungen[19] gehörenden Betrieben weitere Einstellungen vorgenommen wurden.

Auf einer im Juni 1995 in Teheran stattfindenden Konferenz über die Produktivität wurde die effektive Arbeitszeit an einem achtstündigen Arbeitstag gemessen an der gesamten Volkswirtschaft auf nur 11 Minuten geschätzt.[20]
In der folgenden Tabelle werden Produktionswachstum, Beschäftigung und die Arbeitsproduktivität im Iran mit den Ländern Türkei und Südkorea in zwei Zeitintervallen 1963-75 und 1975-90 verglichen.

Tabelle 1-2: Die prozentuale Veränderung der Produktion, Beschäftigung und Produktivität im Iran, der Türkei und Südkorea

	Produktionszuwachs		*Beschäftigung*		*Produktivität*	
	1963-75	**1975-90**	**1963-75**	**1975-90**	**1963-75**	**1975-90**
Iran	11,6	1,5	9,0	3,7	2,6	-2,0
Türkei	8,2	6,4	6,8	2,0	1,4	4,4
Südkorea	19,2	10,5	10,9	4,5	8,3	6,0

Quelle: UNIDO zit. nach Karshenas, M., 1995, S.43

Der Vergleich der Kenngrößen zeigt, wie die makroökonomische Kluft zwischen dem Iran und den Vergleichsländern zwischen 1970-95 größer geworden ist. In dieser Periode betrug der Produktionszuwachs für den Iran nur 1,5%, während die

---

17 Karshenas, Massoud, Structural adjustment and the prospects of the Iranian economy, University of London, September 1995, persische Übersetzung, *Tadiel-e Sakhtari wa Tschemandazhay.e Egtezadi Iran*, in: Dschameeh Salem, Azar 1374, Nr.23, S. 42

18 Ebenda

19 Zu den religiösen Stiftungen und ihrer Bedeutung für die Wirtschaftsentwicklung des Iran s. Abschnitt 4.3.3

20 Resalat vom 3. April 1995 [*15. Farwardin 1374*], Die Einschätzung bezog sich auf die gesamte Volkswirtschaft, in der die nach der Revolution überpropotional gewachsene Staatsverwaltung auch einbezogen wurde.

Türkei und Südkorea im selben Zeitraum jeweils 6,4% und 10,5% Durchschnittszuwachs erreichten.

In der ersten Revolutionsdekade (1978-88) schrumpfte das BIP durchschnittlich um 3,3%.[21] Die iranische Volkswirtschaft litt in dieser Periode stark unter den Folgen des Krieges mit dem Irak. Der acht Jahre währende Krieg kostete den Iran direkt und indirekt[22] 65.000 Mrd. Rial. Dies überschreitet die gesamten iranischen Erdöleinnahmen zuzüglich der gesamten Bruttoinvestitionen während der letzten 30 Jahren (1959-1988) vor dem Kriegsende .
In Tabelle 1-3 können Kriegskosten, Erdöleinnahmen und Bruttoinvestitionen miteinander verglichen werden.

Tabelle 1-3: Die Kriegskosten zu konstantem Preis (Mrd. Rial)

Kriegskosten (1980-1988)			Erdöleinnahmen (1959-88)	Bruttoinvestitionen (1959-88)
Direkt	Indirekt	Gesamt		
30.800	34.500	65.300	21.400	13.400

Quelle: *Sazman-e Barnameh wa Budje:Gosaresche nahay-e Baraword-e Khesarate Eqtezadi-e Djang-e Tahmili* [Budget- und Planungsorganisation: Einschätzung des wirtschaftlichen Schaden aus dem aufgezwungenen Krieg],*1369*[1990], zit. nach Hagdju, Nasser, in: Iran-e Farda,1372[1993], Nr.8, S.23

Da die Kriegskosten mehr als das Dreifache der Erdöleinnahmen des Iran in den Jahren 1959-1988 betrugen, waren die wirtschaftlichen Folgen für den Iran katastrophal.
Die Wirtschaftssektoren waren unterschiedlich vom Krieg betroffen. Der Dienstleistungssektor wurde am meisten geschädigt. Ihm folgten der Erdölsektor und der Agrarsektor. Die entstandenen Kriegskosten in den verschiedenen Sektoren der iranischen Volkswirtschaft sind aus Tabelle 1-4 zu entnehmen:

---

21 Eigenberechnung nach Angaben von Amirahmadi, H., Revolution and Economic Transition, S.134

22 Die mittelbar durch den Krieg entstandenen Kosten, wie z.B. der Produktionsausfall oder die Entsendung der Arbeiter und Angestellten an die Front

Tabelle 1-4: Höhe und Anteil der Kriegskosten an den Wirtrschaftssektoren

	Dienst-leistung	Erdöl	Agrar	Elektrizität, Erdgas, Wasser	Industrie	Bau	Bergbau
Anteil	34,9%	31,8%	24,4%	4,5%	3,8%	0,4%	0,09%
Kosten (Mrd.RI)	22.800	20.700	15.900	2.900	2.400	280	59

Quelle: Haghdju,N.,a.a.O.,S.23

Erst nach dem Krieg konnte die Volkswirtschaft sich leicht erholen. Der Anstieg des Erdölpreises im Jahre 1990, der aufgrund des zweiten Golfkrieges eingetreten war, sorgte für einen kurzlebigen Aufschwung. 1990 wuchs das BSP um 11%, sank jedoch in den Folgejahren bis auf minus 1 Prozent im Jahre 1994. (s. Abbildung 1-4)

Zwischen 1989 und 1994 betrug die Investitionsquote 10,6 Prozent. Da die Abschreibungen, die zur Aufrechterhaltung alter Investitionen notwendig waren, bei etwa 11 Prozent lagen, waren die Nettoinvestitionen sogar negativ.[23]
Das Bruttosozialprodukt des Iran verzeichnete kaum einen positiven Durchschnittszuwachs zwischen 1977 und 1994. Es betrug 1994, gerechnet mit konstanten Faktorpreisen, nur geringfügig mehr als 1977 (s. Abbildung 1-4). In diesem Jahr lag das BSP bei 13255 Mrd. RI, 1994 belief es sich auf 13582 Mrd. RI.[24]

Die Bevölkerung nahm in dieser Periode jedoch rasch zu. Die Zuwachsrate betrug zwischen 1976 und 1986 3,9% und war damit eine der höchsten in der Welt. Die Zahl der Einwohner des Iran stieg von 33,7 Mio. im Jahre1977 auf 61 Mio. im Jahr 1994. Als Folge der Wirtschaftsstagnation und der Bevölkerungsexplosion hat sich das Pro-Kopf-Einkommen halbiert.

---

23 Berkscheli, Fereidun: *Egtezad, mohemtarin Tachalesch-e Dolat-e Chatami* [Wirtschaft: Chatmis wichtigste Herausforderung], in: Ettela'at International, Nr. 851, 30.10.97, S. 9

24 Gerechnet mit konstanten Faktorpreisen im Jahre 1982, zit. nach Jahresberichte der Zentralbank des Iran

Abbildung 1-4

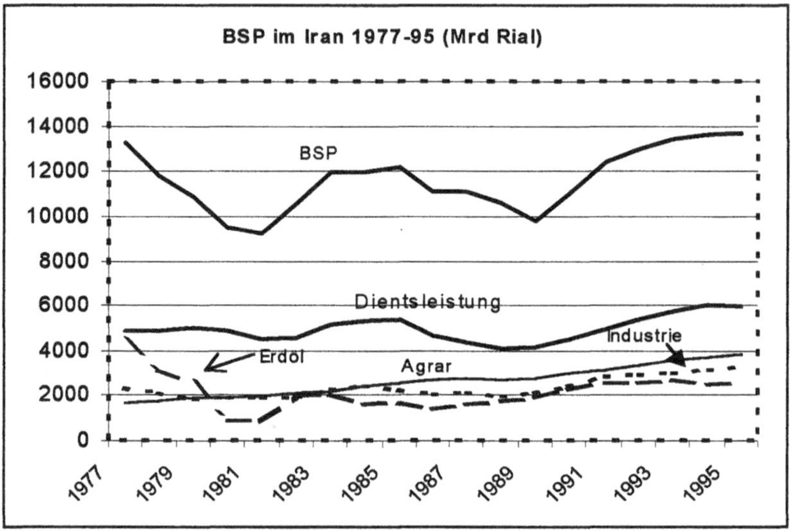

Quelle: Eigendarstellung nach Angaben der Zentralbank des Iran, zu konstanten Preisen, Basisjahr 1982

Trotz des knapper gewordenen Volkseinkommens ist eine Umverteilung zugunsten der reicheren Gesellschaftsschichten eingetreten.

Während im Jahre 1987 die unteren 10 Prozent der Bevölkerung nur 1,3 Prozent des Volkseinkommens in Anspruch nahmen, verfügten die oberen 10 Prozent über 33 Prozent.[25]

Nach dem Bericht der Organisation für Planung und Budget war die Einkommensverteilung im Jahr 1988 wie folgt: 10% der oberen Bevölkerungsschicht bekamen 50% des Volkseinkommens, 45% der mittleren Bevölkerungsschicht 38% und 45% der unteren Bevölkerungsschicht nur 12%.[26]

25 *Etelaat* (Wirtschaftsbeilage), *1366* [1987], Nr.8, S.3

26 zit. nach Amirahmadi,H.a.a.O,S.201

Nach Angaben der Tageszeitung *Hamshahri* lag 1995 das Einkommen der reichen Oberschicht 20 mal so hoch wie das Einkommen der armen Unterschicht.[27]

Der Nettogewinn von 5.000 Basaries[28] betrug im Jahr 1986 50.000 Milliarden Rial.[29] Die Zahl der iranischen Milliardäre, die ausschließlich unter den Händlern zu finden sind, stieg von 100 vor der Revolution auf 900 nach der Revolution im Jahre 1988.[30]

Im Gegensatz dazu leiden die Arbeiter in den Fabriken und in der Landwirtschaft an Armut. Durch das Verbot sämtlicher Gewerkschaften ist die Diskussion um eine gerechtere Verteilung des Volkseinkommens ausgeschlossen.

Nach Berechnungen von Raschidi[31] leben heute nach international anerkannten Kriterien über 75% der Iraner unterhalb der Armutsgrenze.[32]
Die islamische Revolution hatte jedoch gerade für sich beansprucht, die „Unterdrückten", *Moßtazafien*[33], die Armen, aus ihrem Elend befreien zu wollen.

Laut Artikel 43 des iranischen Grundgesetzes[34] hat der wirtschaftliche Aufbau die Aufgabe, Armut und Elend zu beseitigen.[35] Die Befriedigung der elementaren menschlichen Bedürfnisse, wie ausreichende Ernährung, Wohnung und Arbeit wurden als selbstverständliche Ziele der Revolution angegeben.[36] Zusätzlich zur

---

[27] *Hamshahri*, 31. Oktober 1995 [*9. Aban 1374*]

[28] Im Basar tätigen Händler

[29] Keyhan vom 13. Schahriwar 1366

[30] Ebenda

[31] Sachverständiger in Iran Chamber of Commerce, Industries and Mines. Professor für Wirtschaftswissenschaften an der Teheraner Universität.

[32] Raschidi, Ali, in: *Salam vom 30.11.95*, S.8

[33] Das Wort stammt aus dem Koran und werden damit die armen Bevölkerungsschichten gemeint.

[34] Das Grundgesetz wurde im November 1979 vom „Parlament der Eliten" (*Madschlis-e Khobregan*), das vom Volk gewählt wurde, beschlossen. Das Parlament der Eliten setzte sich hauptsächlich aus islamischen Rechtsgelehrten zusammen

[35] Das Grundgesetz der islamischen Republik Iran, Herausgegeben vom islamischen Parlament, Teheran, *24. Aban 1358* [14. November 1980], S.26

[36] Absatz 1, § 43 des iranischen GG, s.o.

Vollbeschäftigung sollten die Menschen ausreichend Freizeit zur politischen, sozialen und ethischen Selbstentfaltung erhalten.[37]

Eine sinnvolle Verwendung des gesellschaftlichen Reichtums, sowie die Anwendung moderner Technologien zur wirtschaftlichen Entwicklung des Landes wurden in der Verfassung eindeutig gefordert.[38]

Die Praxis der islamischen Republik weicht jedoch gravierend von ihrer Zielsetzung ab, welche in der vorliegenden Arbeit verdeutlicht wird.

Die in der islamischen Verfassung festgeschriebenen Ziele bezüglich Wachstum, der Allokation der Ressourcen und gerechten Verteilung wurden nicht erreicht. Die Ursachen hierfür werden noch an anderen Stellen näher untersucht.
Zwar war die Wachstumsrate der iranischen Volkswirtschaft, die vor der islamischen Revolution erzielt wurde, auf Dauer nicht aufrechtzuerhalten. Schon Mitte der 70'er Jahre wurden ökonomische Engpässe sichtbar.

Der Boom des Erdölexportes bestimmte strukturelle Veränderungen, die für die negative makroökonomische Entwicklung des Iran mitverantwortlich sind.

Im folgenden werden zunächst anhand eines Modells die Auswirkungen des Exportbooms auf die Industrialisierung des Iran analysiert und die daraus resultierenden wirtschaftspolitischen Folgerungen dargestellt.

Danach werden institutionellen Rahmenbedingungen der islamischen Republik untersucht, die maßgeblich zur Entstehung der heutigen, schweren wirtschaftlichen Krise des Iran beigetragen haben.

---

[37] Absatz 3, § 43 und §28 des iranischen GG, s.o.

[38] Vgl. Absatz 7, § 43 des iranischen GG

2. Strukturwandel durch den Erdölboom: Iranian Disease

2.1 Die Dutch Disease als Referenzsystem

Die Dutch Disease oder Holländische Krankheit wurde in den 70'er Jahren zunächst von Gregory (1976)[1] und später auch von anderen zur Charakterisierung der Auswirkungen des Nordsee-Erdgasexportes auf die holländische Volkswirtschaft verwendet.[2]
Hierbei führte der Exportboom von Erdöl und -gas über mehrere Wirkungsmechanismen zur Stagnation des Industriesektors. Dieses war auch für Länder wie Norwegen und Großbritannien mit ihren Erdöl-und Erdgasvorkommen in der Nordsee von erheblicher Bedeutung.
Der Erklärungsansatz der Dutch Disease für diese Entwicklung trifft mit bestimmten Modifikationen auch für die rohstoffexportierenden Entwicklungsländer zu.
In diesem Abschnitt sollen das theoretische Gerüst der Dutch Disease dargestellt und die ökonomischen Folgen eines anhaltenden Rohstoffexportbooms auf eine offene kleine Volkswirtschaft analysiert werden. Anschließend wird das abgeleitete Modell mit bestimmten Änderungen auf die iranische Volkswirtschaft übertragen.

2.1.1 Mikroökonomische Analyse der Dutch Disease

In einem industrialisierten, rohstoffexportierendem Land wird zunächst von zwei Sektoren ausgegangen, nämlich den Sektoren mit handelbaren und nichthandelbaren Gütern.
Lang[3] beschreibt die Produktionsfunktionen solcher Volkswirtschaften unter der Annahme der vollständigen Konkurrenz und Vollbeschäftigung aller Produktionsfaktoren mit folgenden Gleichungen:

(1) $X^T = X^T (A^T, K^T)$
(2) $X^D = X^D (A^D, K^D)$
(3) $Y^n = P^T X^T + P^D X^D$

Hier steht T für handelbar (tradable) und D für nicht-handelbar (domestic). Der Output der handelbaren Güter X^T bzw. nicht- handelbaren Güter X^D ist jeweils als Kombination der Produktionsfaktoren Arbeit (A) und Kapital (K) in jedem Sektor

[1] Gregory, R.G.: Some Implications of the Growth of the Mineral Sector, in: Australian Journal of Agricultural Economics, 1976, Vol. 20, S.71-99

[2] Vgl. Nafiger, E. Wayne: The Economics of Developing Countries, 1990, S.171

[3] Lang, Franz Peter: Exportboom und Deindustrialisierung, 1988, S.13

durch entsprechende Funktionen angegeben. Gleichung (3) gibt das Nominaleinkommen der Volkswirtschaft an. Das Preisverhältnis der Binnengüter zu den Außenhandelsgütern wird als „relativen Binnengüterpreis“ bezeichnet.[4]

Die nicht-handelbaren Güter sind diejenigen Güter, die nur im Inland verwendet werden und nicht zu den Außenhandelsgütern gehören. Beispiele dafür sind Staat, Militär, Gebäude und Straßen und spezielle inlandbezogene Dienstleistungen.
In einem Industrieland ist der Sektor der handelbaren Güter geprägt durch Industriegüter. Der Industriesektor stellt dort den „tradable-sector“dar.[5]
Die nun folgende Analyse bezieht sich auf ein relativ kleines Land. Das bedeutet, daß die Preise für dessen Außenhandelsgüter auf dem Weltmarkt bestimmt werden, und die Nachfrageveränderungen im Inland kein Einfluß auf den Weltmarktpreis haben.[6]

Nun wird der vorgestellte Ansatz um einen weiteren Subsektor, nämlich den rohstoffexportierenden booming-sector, erweitert. Damit können die Sektoren der Volkswirtschaft wie Abbildung 2.1 dargestellt werden:
Der booming-sector kann als eine Enklave der Volkswirtschaft betrachtet werden, wenn es sich dabei um Erdgas- oder Erdölexport handelt. Die Bezeichnung einer Enklave ist damit zu begründen, daß er einerseits das Volkseinkommen erhöht, andererseits aber keine zusätzlichen Produktionsfaktoren bindet.[7]

---

[4] Da die monetären Effekte der Dutsch- Disease, wie die durch den Exportboom eintretende Aufwertung heimischer Währung hier nicht behandelt werden, wird auf nähre Erläuterung des Begriffes verzichtet.

[5] Vgl. Long, Ngo Van: On the Short-Run and Long-Run Effects of a Resource Boom, in: Siebert, H. (Hrsg.), The resource sector in an open economy, Berlin 1984, S.21

[6] Lang, Franz Peter, Exportboom und Deindustrialisierung, 1980, S. 17

[7] Vgl. Lang, F. P.,1980, S.20, und Vgl. Yokohama, Hisashi: Export-led industrialization and the Dutch Disease, in: The Developing Economies, December 1989, S. 428f

Abbildung 2-1: Sektoren der Volkswirtschaft in einem Dutch Disease-Modell

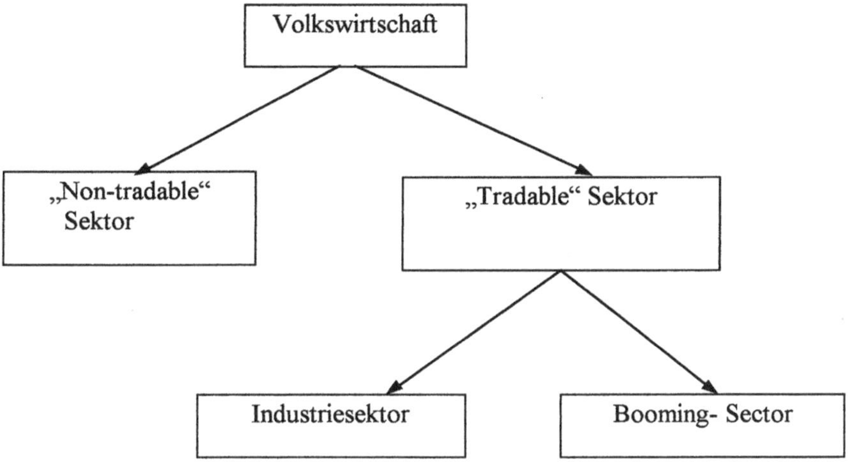

Die volkswirtschaftliche Einkommensgleichung (3) kann nun so erweitert werden:

(4) $$Y^n = P^T X^T + P^D X^D + P^B X^B$$

Somit wird das Volkseinkommen um den Betrag $P^B X^B$ erhöht. Dieser im Zuge des Exportbooms erzeugte Einkommenseffekt erhöht, je nach Einkommenselastizität, die Nachfrage nach handelbaren und nicht-handelbaren Gütern.

Während die zusätzliche Nachfrage nach traditionellen Handelsgütern zum selben Preis aus dem Ausland importiert werden können und damit der Preis für Industriegüter unverändert bleibt, steigen die Preise für die nicht-handelbaren Güter. Der relative Binnengüterpreis steigt. Das bedeutet, daß die Opportunitätskosten der Binnengüter zunehmen.

Auf der Transformationskurve läßt sich dieser Sachverhalt durch Verschiebung der konkaven Kurve darstellen. Das neue Gleichgewicht verschiebt sich gegenüber dem alten nach links (Abbildung 2-2).[8]

---

[8] Vgl. Sell, Friedrich L.: The Dutch Disease, Anpassungsprozesse als Folge eines Ressourcenbooms, in: WiSt, Nr. 5, 1988, S. 290, und Long, N. V., a.a.O., S. 27

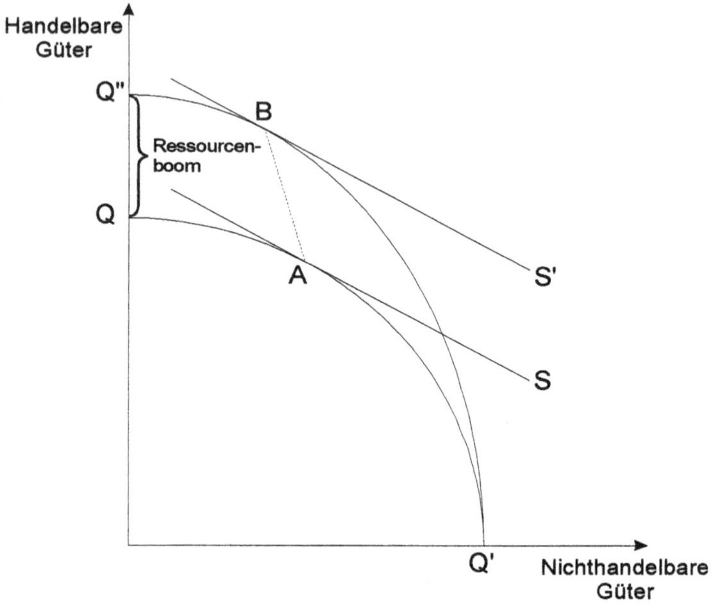

Abbildung 2-2: Ressourcenboom und Einkommenseffekt

Im Ausgangszusatnd tangiert die Sozialproduktlinie (S) die Transformationskurve QQ´ am Produktionsoptimus A. Nach dem Eintreten des Ressourcenbooms hat die Produktionsmöglichkeitskurve den Verlauf von QQ´´. Die Sozilaproduktlienie steigt von S nach S´. B stellt nun das neue Gleichgewicht dar.

Der durch den Exportboom eintretende Einkommenseffekt führt zu zusätzlichen Ausgaben für die nicht-handelbaren Güter. Dies wird als *spending effect* oder Ausgabeneffekt bezeichnet.[9]
Die erhöhte Nachfrage bindet mehr Exportgüter im Inland. Gleichzeitig werden mehr Importgüter nachgefragt, so daß sich die durch den Exportboom primär eintretende Verbesserung der Handelsbilanz abschwächt.[10]

---

9 Vgl. Corden; W. Max/Neary, J. Peter: Booming sector and de-industrialisation in a small open economy, in: The Economic Journal, Vol. 92, 1982, S. 827, auch: Fardmanesh, M.: Terms of Trade shocks and structural adjustment in asmall open economy, Dutch Disease and oil price increases, in: Journal of Development Economics, 1990 (11) 34, S. 343f

10 Vgl. Lang, F. P., Exportboom und Deindustrialisierung, 1988, S.20

Der Einkommenseffekt bewirkt einen Nachfrageüberschuß nach nicht-handelbaren Gütern, der dann abgebaut werden kann, wenn das Angebot von Binnenmarktgütern steigt. Folglich muß der non-tradable-sector ausgebaut werden.
Die Ausdehnung des Binnenmarktsektors ist mit der Absorption der Produktionsfaktoren aus dem traditionellen tradable Sektor verbunden. Vor allem unter der Annahme zunehmender Mobilität bewegt sich der Faktor Arbeit in Richtung des non-tradable-sector, in dem die Löhne aufgrund zunehmender Nachfrage nach Arbeitskräften ansteigen.[11]

Dieses Phänomen wird in der Literatur als *resource movement effect* bezeichnet.[12]
Die Abbildung 2-3 stellt den Ressourcentransfereffekt graphisch dar. Die Kurven L_N und L_T präsentiert jeweils die gesamte Arbeitsnachfrage im non-tradable und im tradable Sektor. L_F steht für den traditionellen tradable Sektor.[13] Auf der horizontalen Achse wird die Arbeitsnachfrage, auf der vertikalen der Lohnsatz dargestellt. Im Ausgangspunkt liegt der Gleichgewichtslohn bei W_0. Dabei wird im non-tradable Sektor N_0 und im Industriesektor F_0 Arbeit nachgefragt.
L_T zeigt die aggregierte Arbeitsnachfragekurve von handelbaren Gütern (Industrie- und Rohstoffgütern) an. Im Ausgangszustand befindet sich der gleichgewichtige Lohnsatz W_0 im Schnittpunkt von L_N und L_T. Unter der Voraussetzung, daß der Ressourcensektor selbst zusätzliche Arbeitskräfte einsetzt, verschiebt der Boom die aggregierte Arbeitsnachfragekurve nach außen (L_T'). Der Lohnsatz steigt auf W_1, Arbeit wird sowohl aus dem non-tradable-sector als auch aus dem Industriesektor bezogen.

---

[11] Vgl. Bruno, M./Sachs, J.: Energy and Resource allocation: A Dynamic Model of the Dutch Disease, in: Review of Economic Studies, Vol. 64, 1982, S. 845ff, Vgl. Cuddington, J. T/Al-Mutawa, A.: The welfare effects of oil booms in a protypical small Gulf State, in: OPEC Review, 18 (1994), 3, S. 245-263

[12] Vgl. Corden; W. Max/Neary, J. Peter, 1982, S. 827

[13] (F)ertigwaren- oder Industriesektor

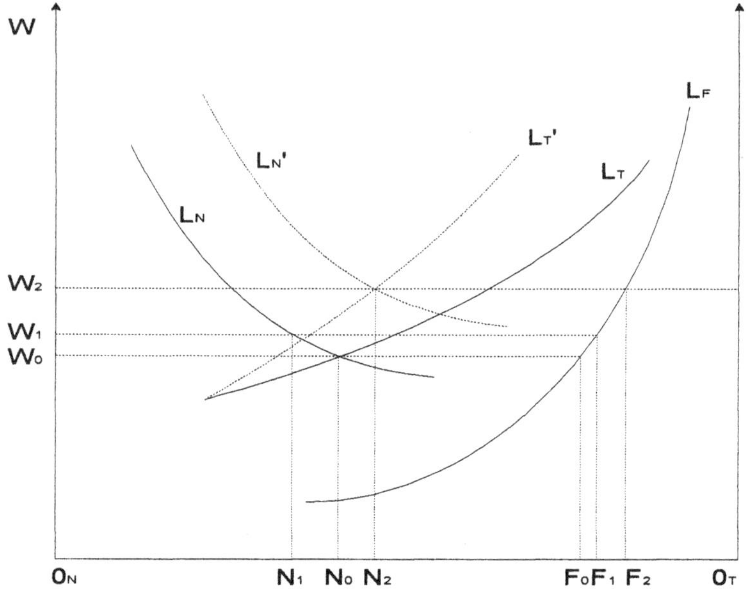

Abbildung 2-3: Ressourcentransfereffekt

Mit dem Anstieg der Preise für nicht-handelbare Güter steigt die Arbeitsnachfrage in diesem Sektor (L_N'). Der gleichgewichtige Lohnsatz liegt nun bei W_2 . Arbeit wird vom Industriesektor in den non-tradable-sector transferiert.($F_2< F_1 <F_0$).

Als Folge des Ausgaben- und *resource movement effect* (Ressourcentransfereffektes) schrumpft der traditionelle tradable-sector während der non-tradable-sector expandiert.
Gehen wir davon aus, daß der Industriesektor für tradable sector und der Dienstleistungssektor für non-tradable sector steht, führt der Exportboom der Naturressourcen, wie Erdgas oder Erdöl, zur Deindustrialisierung und zur Expansion des Dienstleistungssektors.
Da die boomende Erdölindustrie kaum zusätzliche Faktoren bindet und damit, wie bereits erwähnt, den Ckarakter einer volkswirtschaftlichen Enklave aufweist, kann an dieser Stelle auf eine weitere Untersuchung von Dutch Disease-Varianten verzichtet werden.[14]

[14] Für den interessierten Leser empfiehlt sich: Long, Ngo Van, 1983, S.29ff

2.1.2 Iranian Disease

Es wurde bereits gezeigt, daß ein Erdölexportboom zu einem Einkommenseffekt führt, der mit einer Transferleistung vergleichbar ist. Die Transformationskurve der Volkswirtschaft wird quasi nach oben geschoben, ohne daß die Produktionsfaktoren zusätzlich beansprucht werden.[15]

Die Grundaussage der Dutch Disease-Analyse ist für die Erklärung einer Reihe volkswirtschaftlicher Probleme im Iran, die im Zusammenhang mit dem Erdölexportboom der 70'er Jahre entstanden sind, von großer Bedeutung. Im Analyse-Modell muß jedoch eine Modifikation vorgenommen werden, damit es an den iranischen Bedingungen angepaßt ist. So könnte nun von der Iranian Disease gesprochen werden.

Der tradable-sector, der als Folge des Exportbooms schrumpfte und damit eine De-industrialisierung zur Folge hatte, war der Agrarsektor. Der Iran verfügte wie andere erölexportierenden Länder vor dem ersten Erdölschock über einen geringen Anteil des Industriesektors am BSP. Der Industriesektor spielte im Gesamtexport des Iran keine wesentliche Rolle. Während der Anteil des Industriesektors am Nicht-Erdölexport nur 2% betrug, war der Agrarsektor mit seinen traditionellen Außenhandelsgütern mit etwa 11% am Gesamtexport beteiligt (s. Anhang II). Demzufolge kann der infolge des Exportboomes eintretende ökonomische Prozeß im Iran als „De-agriculturalization" bezeichnet werden.[16]

Zwischen 1973 und 1974 erlebte der Erdölexport im Iran einen in der Geschichte des Landes einmaligen Boom. Innerhalb eines Jahres stiegen die Erdöleinnahmen infolge des ersten Erdölschocks um fast 400%.
Der Erdölboom bewirkte insbesondere einen Einkommenseffekt P^BX^B der beispielsweise allein 1974 nach dem ersten Erdölschock etwa 20Mrd.$ betrug. Er stimulierte die Nachfrage nach handelbaren Agrarerzeugnissen sowie nach für den Binnenmarkt bestimmten Industriegütern.
Der Ausgabeneffekt führte einerseits zu erhöhten Importen, welche die Preise für die iranischen handelbaren Güter, Agrarerzeugnisse und Lebensmitte, konstant hielten. Andererseits bewirkte er einen Anstieg der Löhne im Bereich der Industrie.

---

15 Das war beim Erdölexport, der als Enklave bezeichnet wurde, der Fall.

16 Vgl. Cordon, W. M.: Booming Sector and Dutch Disease Economics: Survey and Consolidation, in: Oxford Economic Papers, Vol. 36, 1984, S. 359ff, Vgl. auch Al-Mabrouk, Saud Abdulaziz: Dutch Disease in a small open economy: The case of oil in Saudi Arabia, Diss. 1991, Colorado University, S. 3f

Der Ressourcentransfereffekt sorgte dafür, daß der Faktor Arbeit vom ländlichen Bereich in die Städte, wo der non-tradable sector angesiedelt war, transferiert wurde.
Damit war das Ergebnis des Erdölexportboomes ein starker Einkommenseffekt, der wiederum zum Ausgaben- und Ressourcentransfereffekt führte. *Dies bewirkte die Stagnation des Agrarsektors und die Expansion des Industriesektors.*

Die Tatsache, daß der industrielle Aufschwung erst nach dem Erdölschock eintrat, läßt sich nun anhand des Iran-Disease-Modells erklären. Es zeigt, daß die Struktur der iranischen Industrie, die nicht auf Weltmarkt-Wettbewerb ausgerichtet ist, vom Anfang an den Charakter eines non-tradable-sector hatte.

Die massiven staatlichen und privaten, in den 70´er Jahren getätigten Investitionen liefen darauf hinaus, die im Inland angestiegene Nachfrage zu befriedigen. Der Privatsektor war insbesondere in der Konsumgüterindustrie aktiv, welche die Güter des gehobenen Bedarfs herstellte.[17]
Auch heute ist das Gewicht der Konsumgüterindustrie im gesamten Industriesektor nicht zu übersehen. Eine ausgezeichnete Konjunktur registrierte in den Erdölboomjahren die Bauwirtschaft, die ausschließlich als non-tradable-good anzusehen ist.

In diesem Zusammenhang verstärkte die Importsubstitutionstrategie der Regierung die Binnenmarktorientierung der iranischen Industrie. Auf die daraus resultierenden Probleme und Entwicklungshemmnisse soll im Folgenden eingegangen werden.
Die anderen Bereiche des non-tradble sectors waren der Staat und Militär, die sich im Zuge des Exportboomes im Iran drastisch ausdehnten.
Im nächsten Abschnitt werden die Auswirkungen des Erdölexportes auf den Industriesektor empirisch untersucht und die Konsequenzen einer auf der Basis der Erdöleinnahmen expandierenden Industrie auf die gesamte Volkswirtschaft diskutiert.

---

[17] Zu denen gehörten die elektrischen Haushaltsgeräte, die in Zusammenarbeit mit den ausländischen Unternehmen im Iran hergestellt wurden.

2.2 Der Erdölexportboom und die Industrialisierung

In diesem Abschnitt wird zunächst die Expansion des Industriesektors im Iran dargestellt und versucht -ausgehend vom im vorigen Abschnitt beschriebenen Modell- die Abhängigkeit dieses Sektors vom Erdölsektor zu analysieren. Dabei soll der durch den Erdölboom ausgelöste Anpassungsprozeß beleuchtet werden.

Hierfür ist es sinnvoll, zunächst einen Blick auf die Bedeutung des Erdölsektors in der iranischen Volkswirtschaft zu werfen.

2.2.1 Entwicklung und Bedeutung des Erdölsektors in der iranischen Volkswirtschaft

Der Erdölsektor spielte von der zweiten Hälfte dieses Jahrhunderts an eine zunehmend größere Rolle für die iranische Volkswirtschaft.
Das Ausmaß des Einkommenseffektes, das durch den Erdölboom ausgelöst wurde, zeigt die Abbildung 2-4.
Der Erdölsektor stellte 1955 einen marginalen Anteil von nur 0,1% am Bruttosozialprodukt dar. Danach wuchs er kontinuierlich und stieg nach dem ersten Erdölschock im Jahre 1974 auf einen sehr hohen Wert, nämlich 42%. In den folgenden Jahren nahm er leicht ab und fiel nach der Revolution drastisch. Dies lag vor allem am starken Rückgang der Erdölförderung in den ersten postrevolutionären Jahren.[18]
Auch wenn der Anteil des Erdölsektors am BSP seit der Revolution geschrumpft ist, trägt er mit einem Anteil von 20% erheblich zur gesamten volkswirtschaftlichen Wertschöpfung des Landes bei.

Ein für die iranische Wirtschaft noch bedeutenderer Aspekt des Erdöls ist seine Rolle bei der Devisenbeschaffung. Etwa 90% der gesamten Deviseneinnahmen stammen aus dem Erdölexport. Wie aus Abbildung 2-4 zu ersehen ist, ist diese Rolle seit Anfang der 70'er Jahre in der Volkswirtschaft festgeschrieben. 1955 beliefen sich die Erdöleinnahmen auf etwa 23% der gesamten dem Land zugegangenen Devisen. In den 60'er Jahren erhöhte sich dieser Anteil drastisch und erreichte Anfang der 70'er Jahre den Rekordwert von 93%.

---

[18] Zu Beginn der Revolution war die Regierung von Mehdi Bazargan, daran interessiert, eine vom Erdölexport weniger abhängige Wirtschaftspolitik zu betreiben, weshalb sie freiwillig unter der OPEC-Quote Erdöl förderte. Diese Politik wurde mit dem Kriegsausbruch zwischen dem Irak und dem Iran 1980 und dem Rücktritt Bazargans nach der Besetzung der amerikanischen Botschaft im November 1980, aufgegeben.

Auch 1990 stammten die Deviseneinnahmen mit 93% fast ausschließlich aus dem Erdölexport.

Abbildung 2-4

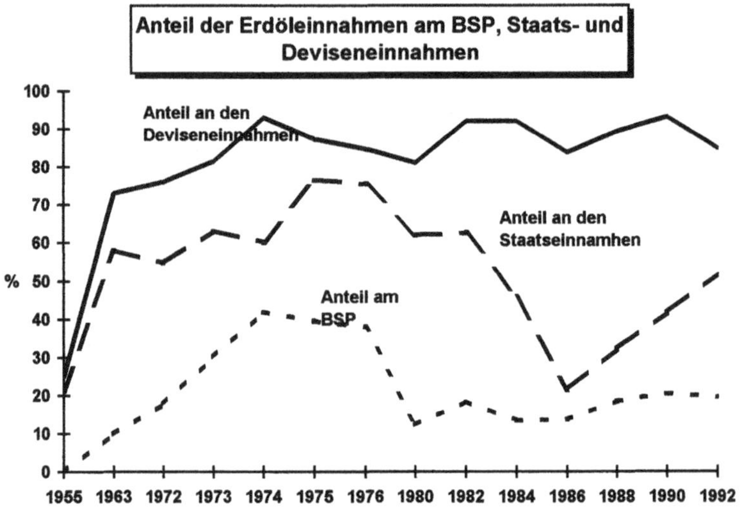

Quelle: Eigendarstellung nach Angaben von Maleki, N., S.95 für 1972, 1975/76, Rasaghi, E.:(1991), S.224 für 1955, 1963, 1973 und 1974 und Angaben der Zentralbank für 1980-92

Staatseigen ist die Erdölindustrie für den iranischen Staat eine unverzichtbare Finanzquelle.
Vor der Revolution sorgte sie für über 2/3 der Staatseinnahmen. Auch wenn der Beitrag des Erdölsektors zum Fiskus nach der Revolution leicht zurückging, ist er heute noch die wichtigste Einnahmequelle des Staates.
Aufgrund entwicklungsökonomischer Bedeutung einer solchen Finanzstruktur sollen " die fiskalpolitischen Folgen der Iranian Disease in einer späteren Stelle diskutiert werden.

2.2.2 Der Erdölexport

Mit der Preiserhöhung des Erdöls in der ersten Erdölkrise stieg der Anteil des Erdölexports am Gesamtexport von 85% im Jahr 1972 auf 96,3 % im Jahr 1974, 1982 während der zweiten Erdölkrise, sogar auf fast 99%.

Der erste Erdölschock im Jahr 1973 erhöhte den Exportwert des Iran um fast 400%. Der starke Rückgang des Exports von 17 Mrd.$ im Jahr 1984 auf 6,9 Mrd.$ im Jahre 1986 war auf den Verfall des Erdölpreises auf dem Weltmarkt von 28$ auf 17,6$ pro Faß zurückzuführen. Der hohe Exporterlös im Jahre 1990 war durch den im zweiten Golfkrieg angestiegenen Ölpreis bedingt.
Die rohstoffabhängige Exportstruktur des Iran führte zur erheblichen Störungen des ökonomischen Entwicklungsprozesses, worauf später noch genauer eingegangen werden soll. Es ist festzuhalten, daß der Exportwert des Iran exogen auf dem Weltmarkt bestimmt wird und aufgrund heftiger Ölpreisschwankungen entsprechend starken Änderungen ausgesetzt ist.

Während in den fünfziger Jahren die Agrarprodukte noch einen erheblichen Anteil des Exportes, nämlich bis zu über 20% ausmachten, wurde das Erdöl in den siebziger Jahren bestimmender Faktor des iranischen Exports (s. Tabelle 2.1). Der Anteil des Erdöls am Gesamtexport lag nach Angaben der iranischen Zentralbank zwischen 1980 und 1990 im Mittel bei 94%.

Zur Veranschaulichung der Verschiebung der Exportstruktur des Iran zugunsten des Erdöls kann das Iranian Disease-Modell herangezogen werden.
Durch den Anstieg des Erdölpreises, dessen Höhepunkt 1973 erreicht wurde, nahm das Volkseinkommen zu. Dies wiederum führte zur Erhöhung der Konsumnachfrage vor allem nach Agrarprodukten, welche die handelbaren Güter des Iran darstellten. Die Zunahme der Inlandsnachfrage reduzierte den Anteil solcher Güter am Gesamtexport des Landes.

Zum anderen wurden Arbeitskräfte in den Industriesektor transferiert, wozu bereits die Bodenreform des Schah 1962 beigetragen hatte. Das stellte den Resourcentransfereffekt der Iranian Disease dar.
Als Folge stagnierte der Agrarsektor, der die Nicht-Erdölprodukte des iranischen Exportes lieferte.[19]

So sank der Anteil der traditionellen Agrarerzeugnisse am Gesamtexport von 10% im Jahre 1973 auf nur 2% im Jahre 1976 (s. Tabelle 2-1).

[19] Vgl. Mehregan, Nader: *sakhtar-e egezadi-e saderate iran* [Die ökonomische Struktur des iranischen Exportes], in: Baressihaye Bazargani, Nr. 91, *1373* [Dez. 1994], S, 49

Tabelle 2-1: Der Gesamtexport und der Anteil des Öl- und Nicht-Ölexports

			Anteil vom Nicht-Ölexport (%)		
Jahr	Ges.export Mio. US$	Anteil des Ölexports %	Gesamt	tradition. und landw. Güter	Industriegüter[20]
1972	2.900	82,7	17,3	12,6	4,0
1973	5.580	87,1	12,9	10,3	2,1
1974	19.236	96,3	3,8	2,6	1,1
1976	21.210	96,6	3,4	2,2	1,0
1978	18.659	95,8	4,2	2,9	1,3
1980	12.496	92,9	7,1	6,7	0,3
1982	20.334	98,6	1,4	1,3	0,1
1984	17.024	97,9	2,1	1,3	0,2
1986	6.898	86,7	14,3	12,2	1,7
1987	10.350	88,8	11,2	9,6	1,3
1988	7.102	86,3	13,7	10,2	3,3
1989	13.037	92,0	8,0	6,9	1,0
1990	19.305	92,0	8,0	6,5	1,1
1991	18,661	95,2	4,8	3,7	0,8
1992	19,868	85,0	15,0	9,9	4,9
1993	18,080	79,3	20,7	13,9	7,5
1994	19,434	75,1	24,9	16,7	7,7
1995	18,375	82,4	17,6	9,3	5,8

Quelle: *Negahi bar Sakhtar Saderate Iran* [Ein Blick auf die Exportstruktur des Iran], in: Goßtaresche Sanate Sanghin,*1372*[1993], Nr.168, S.9, Eigene Prozentrechnung für die Spalten 5 u.6

Der Agrarsektor, der 1973 Erzeugnisse in Wert von 575 Mio. $ exportierte, stellte 1976 einen Exportwert von 466 Mio. $ dar.[21]

Der relative Anstieg des Nicht-Erdölexportes zu Beginn der 90'er Jahren war primär auf die starke Exportförderung des Staates zurückzuführen, der auf diese Weise die Handelsbilanzdefizite des Landes zu decken versuchte. Obwohl als Folge dieser Politik der Iran 1994 und 1995 nach 1983 noch einmal ein positives Handelsbilanzsaldo aufweisen konnte, wurden diese Einnahmen doch zur Tilgung der

[20] Der geringe Anteil von Metallen am Nicht-Ölexport wurde hier nicht angeführt

[21] Berechnung nach Angaben im Anhang II, S.98

Auslandsschulden verwendet, die in den Jahren 1994 und 1995 22,7 bzw. 21,9 Mrd. $ betrugen.[22]

2.2.3 Industrialisierung und Strukturwandel der iranischen Volkswirtschaft

Die Industrialisierung in den Entwicklungsländern wurde in den Nachkriegsjahren häufig mit deren Wirtschaftsentwicklung gleichgesetzt. Auch wenn vor einer Industrialisierungseuphorie -die in den erdölexportierenden Entwicklungsländern keine Ausnahme- gewarnt wurde, kann die bedeutende Rolle des Industriesektors beim Erzielen höherer Wachstumsraten und dessen Beitrag zum Anstieg der Arbeitsproduktivität nicht vernachlässigt werden.[23]

Zwischen der Weißen Revolution[24] 1962 und der islamischen Revolution 1979 erlebte das Land einen ökonomisch bedeutungsvollen Struturwandel, dessen Folgen die iranische Wirtschaft heute noch stark prägen.
Der Exportboom des Erdöls vor der Revolution führte zu einem Einkommenseffekt, der wiederum nach dem Iranian Disease Modell die Nachfrage nach nicht-handelbaren Gütern ansteigen ließ.
Ferner wurden Agrarerzeugnisse nun im Inland stärker nachgefragt, weniger exportiert und sogar importiert. Damit konnte die gestiegene Inlandnachfrage im tradable-sector befriedigt werden.

Während die Pro-Kopf-Wertschöpfung des Agrarsektors zwischen 1959 und 1978 fast unverändert blieb, stieg das Pro-Kopf-Einkommen im selben Zeitraum um 312%.[25] Die angestiegene Nachfrage wurde durch hohe Importen von Lebensmitteln befriedigt, welche den Preis für heimische Produkte niedrig hielten.
Folgende Abbildung zeigt die Entwicklung der Lebensmittelimporte zwischen 1964 und 1977. Die Einfuhr von Lebensmitteln, die in den 60'er Jahren maximal bei 4 Mrd Rial lag, im Durchschnitt bei 2,8, nahm seit den 70'er Jahren mit der Zunahme der Erdölpreise zu und stieg nach dem ersten Erdölschock 1974 auf 51 Mrd Rial.

---

22 Central Bank of the Islamic Republik of Iran: Economic Trends, No. 5, 1996, S.8

23 Vgl. Pack, Howard: Industrialisation an1972d Trade, in: Chenery, H./Srinivasan, T.N.: Handbook of Development Economics, Vol. I, S. 334

24 Für weitere Informationen über die Weiße Revolution im Iran sehe Anhang II.

25 Maschayekhi, A.:*Towßeeh-e Egtezadi bar Payeh Naft bar Aßass-e Systemhaye Dinamiki* [Die Wirtschaftsentwicklung auf der Basis des Erdöls und der dynamischen Systemen], Teheran *1361*, [1982], S. 9

Das entsprach einem Zuwachs vom 260% im Vergleich zum Jahr davor. Der Lebensmittelimport stetig in den 70'er Jahren an. (Abbildung 2-5)
Aufgrund solcher großzügigen Importe von ausländischen Lebensmitteln und Agrarerzeugnissen, die ausschließlich mit Petrodollars finanziert wurden, konnte die erhöhte Inlandsnachfrage nicht zur Expansion des Agrarsektors, tradable-sector, beitragen.

Abbildung 2-5: Der Lebensmittelimport im Iran 1964-77 (Mrd Rial)

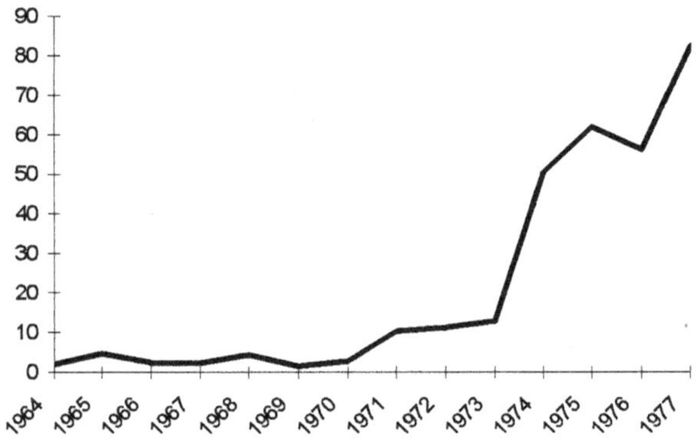

Quelle: Eigendarstellung nach Angaben der Zentralbank des Iran

Der Binnengütersektor mußte erst ausgebaut werden, um auf den Nachfragedruck reagieren zu können. Damit expandierte der Industriesektor des Iran zunächst durch den *spending effect* und schließlich über den *Ressourcentransfereffekt*, was mit einer Absorption der Produktionsfaktoren aus dem Agrarsektor einherging.

In den 70'er Jahren fand das Phänomen der Iranian Disease insbesondere in einer erheblichen Expansion der Konsumgüterindustrie seinen Ausdruck. In diesem Bereich war vor allem der Privatsektor als Investor aktiv, welcher auf die Preissignale empfindlicher reagierte.
Der entstandene Nachfrageüberhang erhöhte die Wirtschaftlichkeit der Investitionen in diesem Bereich. So wuchs die Konsumgüterindustrie in den 70'er Jahren sehr schnell.

Die Investitionen im Industriesektor bekamen einen weiteren Schub, als der Staat, der über die Erdöleinnahmen verfügte, gezielt eine Binnenmarkt orientierte Industrialisierung förderte. Dieses vollzog sich in zweifacher Weise: zum einen investierte der Staat selbst in große Industrieprojekte, zum anderen floß ein Teil der

Erdöleinnahmen in Form günstiger Kredite in industrielle Investitionen der privaten Hand.
Nach Einschätzungen von Karshenas betrug die Elastizität der öffentlichen Investitionen bezüglich der Erdöleinnahmen 1963-1977 kurzfristig 30% und langfristig 100%.[26]
Während sich der Privatsektor in den Boomjahren vor der Revolution im Bereich der kurz- bis mittelfristig rentablen Konsumgüterindustrie konzentrierte, orientierten sich die öffentlichen Investitionen auf große Projekte der Schwerindustrie mit langen Anlaufzeiten.
Zwischen 1960 und 1970 wuchs der Industriesektor durchschnittlich um 13,4%, in den 70'er Jahren bis zur Revolution im Jahre 1979 jährlich um 14,0%.
Von 1961 bis 1977 stieg der Anteil des Industriesektors am BSP vom 8,3% auf 15,5%.[27]
Nach der Weißen Revolution 1962 (s. Anhang II) stiegen die Investitionen des Staates und der Privatwirtschaft im Industriesektor in großem Ausmaß. Betrugen die Gesamtinvestitionen im dritten Fünfjahresplan (1962-67) noch 66 Mrd. Rial, so stiegen sie in der nächsten Periode (1968-73) auf 271 Mrd. Rial, ein Steigerungseffekt um mehr als 300%. Im fünften Fünfjahresplan (1973-78) ergab sich mit Investitionen in Höhe von 1.005 Mrd. Rial ein Zuwachs von etwa 270%.[28]
Im dritten Fünfjahresplan (1962-68) erbrachte der Staat selbst 53% der Gesamtinvestitionen im Industriesektor. Im vierten Fünfjahresplan (1968 - 73) sanken die staatlichen Investitionen auf 38 %, stiegen dann im Laufe des fünften Fünfjahresplanes (1973 - 1978), ermöglicht durch die Erdölpreiserhöhungen, auf 60%.[29]
Die Bruttowertschöpfung im Sektor Industrie und Bergbau wuchs zu konstantem Preis von 49,3 Mrd. Rial im Jahre 1962 auf 359,4 Mrd. Rial im Jahr 1977, d. h. sie wurde fast verneunfacht.[30] Wie schnell die industrielle Entwicklung des Iran in der Zeit nach der Weißen Revolution fortschritt, zeigt Abbildung 2-6.
Von 1956 bis 1961 stieg die Zahl der Großfabriken[31] jährlich um etwa 12% auf 1.100. Im Jahr 1966 betrug sie etwa 3.660, ein Zuwachs von 46,6%. Im vierten

---

[26] Derselbe, S. 171

[27] Rasaghi, E. *Egtezda-e Iran* [Die iranische Wirtschaft], 1367, S. 206

[28] Rasaghi,E.a.a.O.S.364. Eigene Prozentberechnungen

[29] Holiday,F.: Iran-Analyse einer Gesellschaft in Entwicklungskrieg, 1979, S.142

[30] *Bank Markazi Iran,Hessabhaye Melli e Iran,1338-1356* [Zentralbank vom Iran :Nationale Statistiken des Landes,1959-1977], S.112f. zit. nach: Sodaghar,M.R.a.a.O.S.415

[31] Fabriken mit 10 oder mehr Beschäftigten

Fünfjahresplan 1967-1972 konnte die Zahl der Großfabriken auf 5.651 erhöht werden. Im Jahr 1977 betrug sie schon 8.000.[32]

Abbildung 2-6

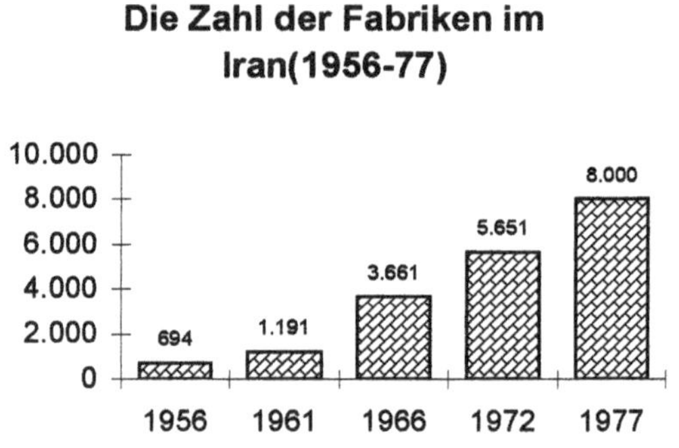

Quelle: Eigene Darstellung, nach Angaben von Graham,R.:Iran-Die Illusion der Macht-1979,S.45 für 1956-72 und Gholamasad,D.,a.aO.,S.447 für 1977

Im vierten Fünfjahresplan des Iran 1968-1972 wurden mehrere industrielle Großprojekte durchgeführt, welche die Industrialisierung des Landes entschieden vorantrieben.

Im Januar 1966 wurde mit sowjetischer Hilfe der Bau des ersten iranischen Stahlwerkes in Esfahan begonnen. Dieses war nach der Ölraffinerie im Südwesten des Iran der größte Industriekomplex. Er bot bis zu 60.000 Menschen Beschäftigung bei Bauarbeiten, in der Kohleförderung und im Werk selbst.[33] Ebenfalls mit ausländischer Hilfe wurden in Täbriz ein großes Traktorenwerk, in Arak ein Aluminiumwerk und die erste Maschinen-und Schwermaschinenfabrik errichtet.[34] Im persischen Golf entstand bei der Insel Khark ein moderner Hafen für große Öltanker mit Kapazitäten bis zu 500.000 Tonnen.[35]

---

32 Mohaghegh,F.,*Elal wa Awamwl-e Bikari dar Iran* [Die Ursachen und Elemente der Arbeitslosigkeit im Iran], in:Ketab-e Djomeh,1980,Nr.21,S.41,zit. nach:Gholamasad Dawud:Iran-Die Entstehung der Islamischen Revolution,1985,S.447

33 Ritter,W.: Der Iran unter der Diktatur des Schah-Regimes, 1979, S.103

34 Raschidi, Ali :*Tahawolate Eqtezadi ,Wahede Pool wa Nerche Barabariye dar Iran* [Wirtschaftsentwicklung, Währung und Wechselkurs im Iran] in: Etelaat (Wirtschaftsbeilage), *1371*[1992], Nr.59/60, S.98

35 Raschidi,A.,a.a.O.,S.98

Die niedrigen Kapitalzinsen, Verfügbarkeit oder sogar Überschuß des Faktors Arbeit und das ausreichende Angebot an Devisen ermöglichten vor der Revolution eine schnelle und stetige Kapitalakkumulation im Industriesektor.

Wie Tabelle 2-2 zeigt, schrumpfte der Beitrag des Agrarsektors zum Bruttosozialprodukt über den Zeitraum 1959-76 von 32% auf 9,3%, während der Anteil des Industriesektors am Bruttosozialprodukt von 17% im Jahre 1959 auf fast 23% im Jahre 1972 anstieg. Die Folge war eine ausgeprägte strukturelle Veränderung der iranischen Volkswirtschaft innerhalb von 17 Jahren unter dem starken Einfluß des Erdölexportbooms.
Eine solche sektorale Verschiebung hinterließ tiefe Spuren in der Beschäftigungsstruktur des Landes.

Die Zahl der Erwerbstätigen in Bergbau und Industrie stieg von 1,5 Mio. im Jahre 1962 auf 3,0 Mio. im Jahre 1977 an, von 22,4% auf 37,2 % der Gesamtbeschäftigten (s. Tabelle 2-2).[36] Dagegen nahm die Beschäftigung im Agrarsektor in der selben Periode ab. Waren 1964, zwei Jahre nach der Bodenreform, noch über die Hälfte der iranischen Erwerbstätigen im Agrarsektor beschäftigt, beanspruchte dieser Sektor 12 Jahre später, 1976, nur noch 28% der Arbeitskräfte.

Als Folge des Erdölexportbooms und der Industrialisierung stiegen die Löhne in den städtischen Bereichen, wo die Industrie angesiedelt war. Der Lohnvorsprung und der hohe Lebensstandard in den Städten bewirkten eine Landflucht, wie es sie bis dahin in der iranischen Geschichte nicht gegeben hat.

Tabelle 2-2: Anteil des Agrar- und Industriesektors an der Beschäftigung und am BSP in %

Jahr	1959	1964	1972	1976
Beschäftigung				
Agrarsektor	53,5	53,4	42,8	28,2
Industriesektor[a]	20,7	21,8	29,2	37,2
Bruttosozialprodukt				
Agrarsektor	32,1	29,0	18,4	9,3
Industriesektor[a]	17,0	19,1	22,6	19,4

Quelle: Amirahmadi und Rasaghi nach Angaben der iranischen Zentralbank
a: Umfaßt Industrie, Bergbau, Wasser & Energie und Bau

36 Ebenda

Innerhalb weniger Jahre verfielen eine Vielzahl von Dörfern. Nach einer Volkszählung von 1976 hatten nur noch 18% der 65.000 Dörfer mehr als 250 Einwohner.[37]
Während sich die Stadtbevölkerung in 40 Jahren (1921-1961) nur um 6,5% erhöht hatte, stieg sie allein 1961-1971 um 6,8%[38].Jedes Jahr zogen 500.000 Menschen in die Städte.[39]
Trotz rapiden Wachstums konnte der Industriesektor und der parallel dazu anwachsende Dienstleistungssektor den Massen der unqualifizierten Landarbeiter keine ausreichende Beschäftigung bieten, so daß an den Randgebieten der Großstädte die ersten Slums entstanden.

Daher war es nicht überraschend, daß trotz des Wirtschaftsbooms die Arbeitslosenquote sprunghaft zunahm. Sie betrug 1976 10,2%, während sie drei Jahre davor, 1973, nur bei 3,4% gelegen hatte.[40]
Aus dem im Zuge des Erdölbooms entstanden städtischen Proletariat rekrutierte sich 1978-79 ein wesentlicher Teil des Heeres der islamischen Revolution, welches sich von Ajatollah Khomeini eine bessere Zukunft versprach.

---

37 Ferdowsi,M.A.: Iran, in: Handbuch der Dritten Welt, Nohlen, D.u.a.(Hrsg.), 1983, S.289

38 Rasaghi,E.: *Egtezda-e Iran* [Die iranische Wirtschaft], 1367, S.90

39 Ferdowsi. M. A., Iran, in: Handbuch der Dritten Welt, Nohlen/ Nuscheler, Franz (Hrsg.), 1983, S. 294

40 Akhawi, Ahmad: *Eqtezad-e Kalan* [Makroökonomie], 1371 [1992], Teheran, S.1

3 Entwicklungspolitik als Bestimmungsfaktor der Iranian-Disease

3.1 Importsubstitutionsstrategie

Da der iranische Staat über die Erdölindustrie und deren Einnahmen verfügte, nahm sein Spielraum im Industrialisierungsprozeß stark zu. Er bestimmte die Entwicklungsstrategie des Landes und legte Prioritäten bei der Auswahl der zu fördernden Industriebereiche fest.

In Anlehnung an zum Beginn der 70'er Jahre noch verbreitete Entwicklungsstrategie der Importsubstitution[1] versuchte der Staat gezielt die moderne Schwerindustrie einzuführen, um später alle im Binnenmarkt nachgefragten Industriegüter im Inland herzustellen.
Während der Staat intensiv in die neuen Bereiche der metallverarbeitenden Schwerindustrie, des Maschinenbaues und der Petrochemie investierte, wurde der traditionelle Bereich der Leichtindustrie wie Textil-, Nahrung- und Zementindustrie stark vernachlässigt.

Die staatlichen Investitionen in den traditionellen Industriezweigen, wie Textil- und Nahrungsmittelindustrie, sanken von 77,3% in der Periode 1956-62 auf nur 3,8% 1973-77.
Während der Staat die Investition in jenen Industriebereichen, welche die meisten Verbindungen mit anderen Wirtschaftsbereichen hatten, vernachlässigte, stiegen die öffentlichen Investitionen im selben Zeitraum in die neuen kapitalintensiven Industrien erheblich vom 5,7% auf 80%.(s. Tabelle 3-1, Abbildung 3-1)

Die Investitionen im Bereich der Energie wurde im betrachteten Zeitraum vervierfacht. Das war im Rahmen der Importsubstitutionspolitik aus zwei Gründen notwendig. Einerseits mußte der Energiesektor ausgebaut werden, damit der durch die Expansion der modernen, energieintensiven Industrie erhöhte Energiebedarf befriedigt werden konnte. Andererseits wurden immer mehr Devisen zur Durchführung und Aufrechterhaltung solcher Projekte notwendig, was durch zusätzliche Investitionen im Erdöl und -gassektor ermöglicht werden sollte.

---

[1] Vgl. Kruegr, Anne: Importsubstitution versus Exportförderung, in: Finanzierung und Entwicklung, 22/1985, S. 20-23, auch: Bender, Dieter: Entwicklungspolitik, in: Bender/Berg u.a. (Hrsg.): Vahlens Kompendium der Wirtschaftstheorie und Wirtschaftspolitik, Band 2, 1990

Tabelle 3-1: Investitionen des Staates im Industriesektor und in den Bereichen Energie, Infrastruktur und Agrar vor der Revolution

	Traditionelle Industrie[a]	*Neue Industrie*[b]	*Kredite an Privatsektor*
1956-62	77,3	5,7	7,9
1963-67	11,3	57,9	25,7
1968-72	4,6	73,9	6,7
1973-77	3,8	80	15,5
	Energie	*Infrastruktur*	*Agrar*
1956-62	4,8	63,3	7,7
1963-67	15,6	37	12,4
1968-72	18,8	30	8,1
1973-77	24,4	22	6,1

Quelle: Karshenas, M. (1993), a.a.O., S. 170, 210
a: Metallverarbeitende Schwerindustrie, Maschinenbau, Petrochemie
b: Textil-, Nahrung- und Zementindustrie

Tabelle 3-1 zeigt auch, wie sich die Investitionen des Staates in die Infrastruktur entwickelten. Sie sanken von 63% auf 22%.

Wie aus der Abbildung 3-1 hervorgeht, deutet die große Kluft zwischen den beiden Kurven, die jeweils traditionelle und neue Industrie präsentieren, auf einen enormen Strukturwandel der iranischen Industrie hin, der sich innerhalb kurzer Zeit vollzog.
Obwohl die Regierung so intensiv im Energiesektor investierte, konnten aufgrund des stark gestiegenen Energiebedarfes die Privathaushalte nicht ausreichend mit Elektrizität versorgt und es mußte sogar in Metropolen wie Teheran und Esfahan der Strom rationiert werden.

Ein moderner Zweig der Industrie war die Elektronik- und Fahrzeugindustrie, die kurz vor der Revolution 1977 mit 1165 Mio. $ die höchste Wertschöpfung unter allen Industriezweigen aufwies.[2] Während diese 78.800 Menschen beschäftigte, arbeiteten in der Textilindustrie mit nur etwa der halben Wertschöpfung (660 Mio. $) 111.500 Menschen, fast 40% mehr als in den zuerst genannten Industriezweigen.[3]

---

[2] Sodagar, M.R., Sodagar, M.R.: *Roschd-e Rawabet-e Sarmayedari dar Iran 1342-57* [Der Entwicklung der kapitalistischen Strukturen im Iran 1963-1978], Teheran *1369*, [1990,S. 418, Eigene Dollarumrechnung ($= 70 RI)

[3] Für die Zahlen s. Sodagar, M.R.; a.a.O., S. 419

Abbildung 3-1

Öffentliche Investitionen in verschieden Wirtschaftsbereichen vor der Revolution

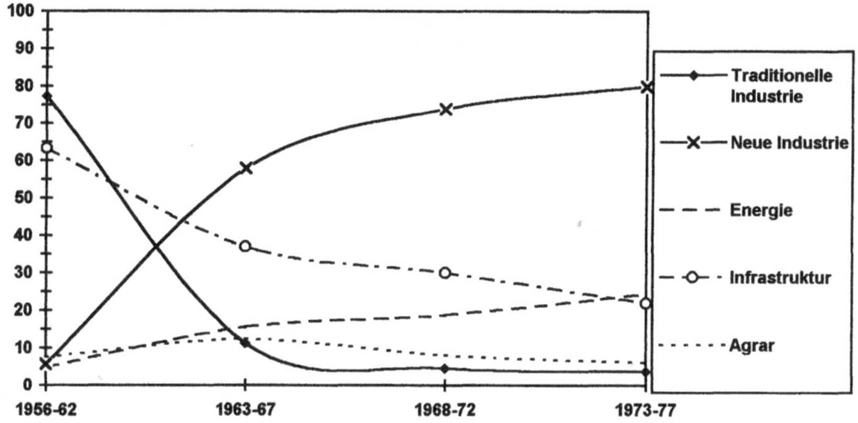

Quelle: Eigene Darstellung nach Angaben von Karshenas, M. 1993

1971 stellte die Textilindustrie 18% der gesamten Wertschöpfung des Industriesektors dar. Ihr Anteil sank jedoch nach dem Erdölschock auf 13% im Jahre 1975. Eine Entwicklung in entgegengesetzter Richtung vollzog sich im Bereich der Fahrzeugindustrie, die 1971 einen Anteil vom 14% besaß und vier Jahre später mit 22% Anteil an der Wertschöpfung des Industriesektors der führende Industriebereich wurde.[4]
Die moderne substituierende Industrie war, wie am Beispiel der Elektronik- und Fahrzeugindustrie gezeigt wurde, sehr kapitalintensiv. Diese Industriestruktur stimmte in einem Land mit einem Bevölkerungswachstum vom 2,9% und einer Arbeitslosenquote von 10% wenig mit den langfristigen ökonomischen Gegebenheiten überein.[5]

Folgende Tabelle zeigt die Kapitalintensität, d.h. die Relation der Nettoinvestitionen im Inland (I_n) zu zusätzlich eingesetzten Arbeitskräften (ΔL).

---

[4] Angaben nach Jahresberichte der Zentralbank des Iran

[5] Vgl. Katuzian, Homayon: *Eghtezad-e Siassi-e Iran* [Politische Ökonomie des Iran], Teheran, 1372 [1993], S. 315

$I_n / \Delta L$ betrug zwischen 1963 und 1972 im Durchschnitt 4000$ (300000 Rial).[6] Das bedeutet, daß gemäß vorhandener Produktionsstruktur für je zusätzliche Arbeitskraft 4000$ Kapital notwendig war. Wie aus der Abbildung 3-5 zu entnehmen ist, stieg dieser Betrag in der Periode nach dem Erdölschock 1973-1977 auf fast 22000$ (1,5 Mio. Rial). Das bedeutete, daß die Kapitalintensität der Investitionen innerhalb kurzer Zeit um 450% zunahm. Diese Produktionsstruktur bereitete in den postrevolutionären Jahren, in denen die Bevölkerung schnell zunahm, schwerwiegende Beschäftigungsprobleme.[7]

Abbildung 3-2

Die Relation der Nettoinvestitionen zur Veränderungen des Arbeitskrafteinsatzes (1000 Rial pro Arbeiter)

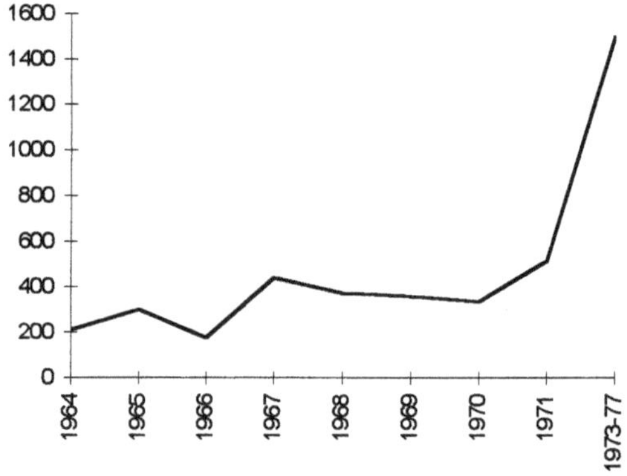

Quelle: Eigendarstellung nach Angaben der Zentralbank des Iran

Das beschleunigte Wachstum des Industriesektors vollzog sich vor allem im Bereich der Großbetriebe. Ein Indiz dafür sind die für industrielle Investitionen vergebenen Kredite. 95% der von der *Bank für die Entwicklung der Industrie und des Bergbaus* vergebenen Kredite gingen an Betriebe mit mehr als 50 Angestellte.[8]

---

[6] Hier ist von einem Wechselkurs $= 75 Rial ausgegangen.

[7] Die Bevölkerung hat sich in den letzten zwei Dekaden fast verdoppelt.

[8] Ministerium für Industrie und Bergbau: Industriestatistiken des Iran 1972, zit. nach: Karshenas, Massoud, Oil, State and Industrialization in Iran,1993, S.180

Diese Bank stellte über 70% der Gesamtkredite bereit, die für die Industrieinvestitionen an den Privatsektor vergeben wurden.[9]

Durch weitgehenden staatlichen Eingriff in den Industrialisierungsprozeß wurde die Iranian-Disease verschärft. Entwicklungsstrategie als bestimmende Leitlinie der Wirtschaftspolitik wurde vom iranischen Staat so angelegt, daß der Ausbau der schwachen traditionellen Industrie nicht vorgenommen werden konnte. Eine Industrialisierungsstrategie, die ausgehend von vorhandener Industrie darauf abgezielt hätte, stufenweise neue Industriezweige aufzubauen, hätte große dauerhafte Wachstumsimpulse für die gesamte Volkswirtschaft auslösen können.

3.2 Importintensivierung versus Importsubstitution

Für den Aufbau der importsubstituierenden Industrie waren Fertig- und Zwischenprodukte erforderlich, zu deren Herstellung jedoch das Know-how im Iran fehlte. Diese Güter mußten deshalb in zunehmendem Maß importiert werden.
Damit wurde die Leistungsbilanzverbesserung, die durch den Exportboom eingetreten war, abgeschwächt.
In einer relativ kurzen Zeit wurde die Importstruktur auf die Bedürfnisse der neu aufgebauten Industrie umgestellt (s. Abbildung 3-3).[10]
Der Import von Halbprodukten und Kapitalgütern, die unmittelbar in der industriellen Produktion eingesetzt wurden, stieg von ca. 280 Mio. $ 1963 auf 1100 Mio.$ 1970 und schließlich am Vorabend der Revolution 1977 auf 8300 Mio.$.[11]

Der Anteil von Halbprodukten und Kapitalgütern am Gesamtimport betrug 1963 54%und stieg 1970 auf 66% an. Der relative Anteil des Industrie-Inputs am Import ist in den 70'er Jahren gesunken, jedoch erreichte er 1977 mit 8,3 Mrd.$ den höchsten Wert vor der Revolution.

---

[9] Ebenda

[10] Vgl. auch Haddad, L: Open door policy and the industrialisation in Iran, in: Journal of Contemporary Asia (Manila), 24(1994)1, S. 85

[11] Jahresberichte der Zentralbank des Iran, zit. nach: Johari, Abbas: An Evaluation of the Impact of Rial Devaluation on capital and Intermediary Goods Imports in the Industrial and Mining sector, in:Monthly Business Surveys, Nov. 1994, S.65

Abbildung 3-3

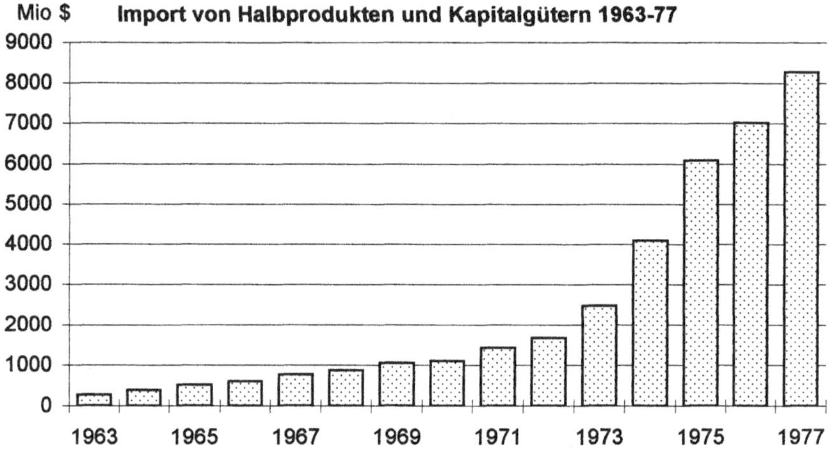

Quelle: Eigendarstellung nach Angaben der Zentralbank des Iran, verschiedene Jahresberichte

Kritisch wurde der Strukturwandel vor allem dadurch, daß die teuer eingeführte Industrie wenig mit der heimischen Industrie rückwärts oder vorwärts verkettet war.[12] Die großen Industrieunternehmen sind auch heute ökonomische Enklaven innerhalb des Industriesektors.

Sie trugen nicht zur Diffusion moderner Technologien in die anderen Unternehmen bei und lösten kaum Nachfrageimpulse im Industriesektor aus. Insbesondere trugen sie auch nicht zum Wachstum der traditionellen iranischen Industrie bei.[13]

Sie waren vom außen implantierte Wirtschaftseinheiten, die trotz ihrer modernen Produktionsausstattung das Land dem entwicklungspolitischen Ziel der Industrialisierung kaum näherbrachten.

Die Abhängigkeit verschiedener Industriebereiche von ausländischen Industrierohstoffen lag zwischen 29% bis 85%. Kurz nach der Revolution mußte die Kapazitätsauslastung stark eingeschränkt werden, da die Handelsbeziehungen

---

[12] Vgl. Amuzegar, Jahnagir: The Dynamics of Iranian Revolution, 1991, S. 181

[13] Vgl. Karshenas, Massoud, Oil, State and Industrialization in Iran, 1993, S. 183

mit dem Westen erheblich beeinträchtigt wurden. Die folgende Tabelle verdeutlicht das Ausmaß der Importabhängigkeit der iranischen Industrie.

Tabelle 3-2: Kapazitätsauslastung, Importanteil am Rohstoff- und Ersatzteilbedarf der Industrie 1979/80[a]

Industriezweige	*Kapazitäts-auslastung (%)*	*Importanteil am*	
		Rohstoffbedarf (%)	*Ersatzteilbedarf (%)*
Nahrungsmittel	64,2	29,1	61,4
Textil	60,9	55,7	60,4
Holzbearbeitung	47,6	35,8	70,4
Papier & Druck	60,0	79,0	89,7
Chemie	61,2	71,1	67,2
Mertallbearbeitung	70,0	54,6	46,9
Maschienen- und Werkzeugbau	48,1	84,8	68,5
Gesamt	**58,3**	**56,7**	**62,6**

Quelle: Zentralbank des Iran: *Baressi-e Tahawolat-e Egtezadi-e Keschwar bad az Engelab* [Eine Studie über die Wirtschaftsentwicklung des Landes nach der Revolution], *1363*, S. 162 a: Es handelt sich um das iranische Jahr *1358* [21.3.1979-21.3.80]

Die praktizierte Importsubstitution führte zum Aufbau einer von ausländischem Know-how abhängigen Industrie, die auf den Import industrieller Zwischenprodukte angewiesen war. Ein Beispiel für solche Industrieprojekte im Iran ist das Stahlwerk von *Mobarekeh* in der Nähe von Esfahan.[14]

Auch die Fahrzeugindustrie leidet trotz ihrer dreißigjährigen Tradition unter der selben Krankheit. 1963 wurde das Fahrzeugunternehmen „Iran National" vom Staat gegründet. Bis zum Kriegsende 1988 wurden dort hauptsächlich importierte Fahrzeugteile zu fertigen Produkten für den Binnenmarkt zusammenmontiert.[15] Somit verfügte die Fahrzeugindustrie über eine sehr geringe Rückwärtsverkettung. Erst mit Inkrafttreten des ersten Entwicklungsplans (1989-94) wurde das Ziel angestrebt wurde, die Vorleistungen möglichst aus inländischen Quellen zu beziehen. [16]

---

[14] s. Exkurs über Stahlwerk von Mabarekeh

[15] *Hamshahri*, Nr. 1033, 4.8.1996, S. 5

[16] *Hamshahri*, Nr. 1033, 4.8.1996, S. 5

Aufgrund der Devisenknappheit in den Kriegsjahren sank die Kapazitätsauslastung der iranischen Fahrzeugindustrie sehr stark. Während 1984 bis zu 97% der Produktionskapazität ausgelastet wurde, konnte 1988 diese nur zu 16% beansprucht werden, da die der Fahrzeugindustrie zur Verfügung stehenden Devisen 1988 um 87% des Vergleichsjahres gesenkt wurden.[17]

Tabelle 3-3: Kapazitätsauslastung und die zugeteilten Devisen in der Fahrzeugindustrie im Iran (1984-88)

Jahr	*Kapazitätsauslastung*	*zugeteilte Devisen (Tsd $)*
1984	97%	68068
1985	59%	46429
1986	33%	11747
1987	37%	16675
1988	16%	15753

Quelle: Rezai, Adnan: Evaluation of protective policies in Iran's car manufacturing industry, in: The Journal of Planing and Budgetting, Nr. 3, 1997, S.98

Die Tabelle 3-3 verdeutlicht, in welchem Ausmaß die Kapazitätsauslastung der iranischen Fahrzeugindustrie in den 80'er Jahren von zugeteilten Devisen abhängig war.
Der Korrelationskoeffizient für beide Datenreihen beträgt 0,95.[18] Das bedeutet, daß die Kapazitätsauslastung in dieser Periode bis zu 95% von der zugeteilten Devisen abhängig war.
Aus einem Bericht des Ministeriums für Schwerindustrie geht hervor, daß bereits 75% der benötigten Zwischenprodukte und Industrierohstoffe der Fahrzeugindustrie aus dem Ausland importiert wurden.[19]
In den 90'er Jahren konnte der Iran teilweise die vorgelagerten Wirtschaftszweige der Fahrzeugindustrie aufbauen, so daß die Importabhängigkeit verschiedener Fahrzeugtypen 1994 im Durchschnitt bei 56% lag.[20]

In der Tat führte die Importsubstitution zu erhöhtem Importvolumen, was nur wegen der ungewöhnlichen Erdölsteigerungen keine Leistungsbilanzprobleme zur Folge hatte. Als der Erdölpreis nach der Revolution auf dem Weltmarkt sank, bereitete die in den 70'er Jahren aufgebaute importabhängige Industrie der

---

[17] Rezai, Adnan: Evaluation of protective policies in Iran's car manufacturing industry, in: The Journal of Planing and Budgetting, Nr. 3, 1997, S. 98

[18] Eigene Berechnung

[19] Ebenda

[20] *Hamshahri*, Nr. 1033, 4.8.1996, S. 5

Volkswirtschaft große Probleme. Leistungsbilanzdefizite, die seit der Revolution in fast allen Jahren zu beobachten waren, sind zum großen Teil auf solche Strukturen zurückzuführen, die kurzfristig nicht zu beheben sind. Dieser Sachverhalt kann der Abbildung 3-4 entnommen werden:

Abbildung 3-4

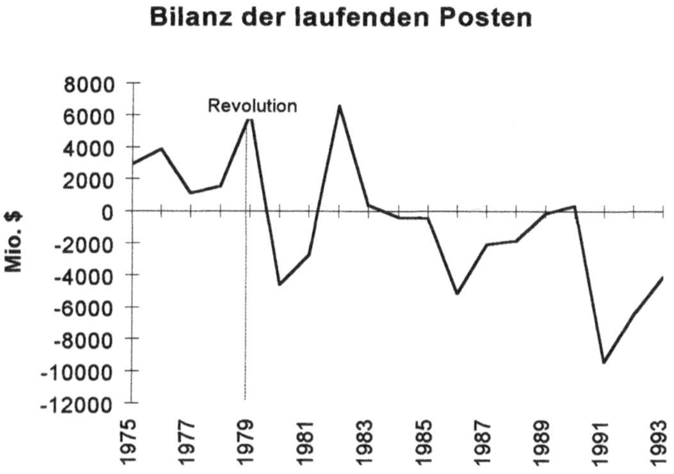

Quelle: Eigendarstellung nach Angaben der Zentralbank des Iran

Abgesehen von einer kurzen Periode 1982-83, in der aufgrund des zweiten Erdölschocks der Devisenbedarf noch gedeckt werden konnte, verzeichnete die Leistungsbilanz seit den 80'er Jahren ein anhaltendes Defizit, das bis auf ca. 10 Mrd. $ im Jahre 1991 anstieg. Der Aufschwung des Industriesektors ist fast immer mit hohem Importvolumen und hohen Leistungsbilanzdefiziten einhergegangen.
Diese Leistungsbilanzdefizite haben zur Entstehung eines Schuldenberges und zur drastischen Abwertung der heimischen Währung Rial (Rl) geführt.
Der Iran gehörte bis Ende der 70'er Jahre zu den Gläubigerländern, heute liegen seine Auslandsschulden bei 20 Mrd. $.[21]
Die Auslandschulden des Iran hätten 1996 allerdings sogar 33 Mrd. $ betragen, würde man die von der Zentralbank genehmigten Akkreditive und die dadurch anfallenden Neuzinsen berücksichtigen.[22]
Die Auslandsverschuldung des Iran kann folgender Tabelle entnommen werden:

---

[21] Central Bank of the Islamic Republic of Iran: Economic Trends, No. 5, Second Quarter, 1375 (1996), S. 8

[22] Ebenda

Tabelle 3-4: Auslandsschulden des Iran (Mio. US $)			
Jahr	*Schulden*		
	Kurzfristig	Mittelfristig	Gesamt
1993	17616	5542	23158
1994	6707	16030	22737
1995	4536	17392	21928
1996*	5679	14690	20369

Quelle: Central Bank of the Islamic Republic of Iran: Economic Trends, No. 5, Second Quarter, 1375 (1996), S. 8
*: Bis zum Ende des ersten Halbjahres

1994 wurden Umschuldungsverhandlungen mit den europäischen und japanischen Gläubigern notwendig, weil der Iran seinen Zahlungsverpflichtungen insbesondere seinen asiatisch-europäischen Gläubigern gegenüber nicht nachkommen konnte. Demzufolge wurden etwa 10 Milliarden $ kurzfristige Schulden in mittel- und langfristige Schulden umgewandelt. (s. Tabelle 3-4)
1995 war die Leistungsbilanz des Iran mit einem Saldo von 6 Mrd. $ zum erstem Mal seit 1982 zwar wieder positiv, mit diesen Mitteln wurden jedoch ausschließlich Auslandsschulden getilgt. Der Leistungsbilanzüberschuß kam nicht durch eine Exportexpansion zustande, sondern war primär Folge der Importdrosselung. [23]

Obwohl man immer eine Unabhängigkeit von den Industrieländern propagiert hatte, ist die ökonomische Abhängigkeit von westlichen Währungen und dem Know-how der Industrieländer gegenüber 1979 mittlerweile sogar wesentlich gewachsen.
Der Kurs der iranischen Währung, die über zwei Dekaden vor der Revolution kaum einer bemerkenswerten Volatilität unterlag und gegenüber dem US$ einen Wechselkurs von 60-70 Rial aufwies, ist heute über 6000% abgewertet worden.[24]

---

23 Asghari, M. Reza: Iran vor den Parlaments- und Präsidentschaftswahlen, in: Handelsblatt vom 28.2.96, S.12

24 Der offiziellen Dollarkurs beträgt 3000 Rl, zu dem man unter bestimmten Bedingungen Dollar erhalten kann. Mehr realistisch ist der am Schwarzmarkt gehandelten Kurs von 4700 Rial.

Die Devisenknappheit führte in den letzten Jahren zu einer erheblichen Importdrosselung. So zum Beispiel sanken die deutschen Ausfuhren in den Iran, die 1992 noch 7,9 Mrd. DM betrugen, im Jahr 1995 auf etwa 2,3 Mrd. DM.[25]
Von der hierdurch verstärkten Devisenknappheit ist die iranische Industrie besonders hart betroffen. Obwohl das Industrieministerium für das Jahr 1996 einen Devisenbedarf von 4 Mrd.$ angemeldet hatte, teilte die Zentralbank nur einen Betrag von 1,2 Mrd.$ zu. Als Folge der erzwungenen Importbegrenzung ging die Industrieproduktion 1995 stark zurück. Die Kapazitätsauslastung betrug etwa 50%.[26]

Die Binnenmarktorientierung und die außenwirtschaftliche Konkurrenzunfähigkeit der iranischen Industrie zeigt die Tabelle 3-5. Der Industriesektor kann nur einen Bruchteil des für diesen Sektor erforderlichen Importes durch eigene Exporte ausgleichen.

Tabelle 3-5: Das Verhältnis des Exports von Industriegütern zum Import von Rohstoffen und Halbprodukten im Industriesektor von 1968-1989 Angabe in %

Jahr	*Ex/Im*	*Jahr*	*Ex/Im.*
1968	3,8	1979	1,7
1969	4,2	1980	0,5
1970	5,4	1981	0,2
1971	5,6	1982	0,4
1972	8,1	1983	0,3
1973	5,5	1984	0,4
1974	4,9	1985	-
1975	3,4	1986	2,5
1976	3,2	1987	2,4
1977	2,4	1988	6,1
1978	4,2	1989	1,9

Quelle: Organisation für Budget und Planung des Iran, *Sakhtar-e Bazargani-e Khareji-e Iran wa Siasathay-e Tadiel-e Egtesadi* [Die Struktur des Außenhandels des Iran und Anpassungspolitik], 1368[1989], S. 3-45, zit. nach: Rahimi, Abbas:Protective Policies and the Impact on Economic Variables, in: Monthly Business Surveys, Teheran, Sep. 1994, Nr. 88, S.22

---

25 Statistisches Bundesamt: Statistisches Jahrbuch 1996, Wiesbaden, S. 299

26 Berkscheli, Fereidun: *Egtezad, mohemtarin Tachalesch-e Dolat-e Chatami* [Wirtschaft: Chatmis wichtigste Herausforderung], in: Ettela'at International, Nr. 851, 30.10.97, S. 9

Das Verhältnis des Exportes zum Import von Zwischenprodukten betrug für die Zeit von 1968-78 4,6 Prozent, für die Jahre 1979-89 nach der Revolution nur noch 1,6 Prozent.
Der Industriesektor konnte seine relative Exportleistung zwischen 1968 und 1972 zwar mehr als verdoppeln.
Danach wurde diese positive Entwicklung gestört, als infolge des ersten Erdölschocks 1973 eine forcierte Industrialisierung ohne Rücksicht auf die komparativen Vorteile des Iran betrieben wurde. Die iranische Industrie war deshalb trotz erhöhter Investitionen weniger konkurrenzfähig, so daß ihre relative Exportleistung bis 1977 stetig auf 2,4% zurückging.

Nach der Revolution schrumpfte der Export von Industriegütern weiter und die betrachtete relative Exportleistung sank auf 0,2% im Jahre 1981. Schon die Zahlen in der vierten Spalte zeigen, daß die Revolution eines ihrer wichtigsten Ziele, nämlich ökonomische Unabhängigkeit, nicht erreicht hat. Das vorher schon ungünstige Verhältnis Export/Import im Industriesektor hat sich seit der Revolution noch verschlechtert.

Exkurs : **Das Stahlwerk von Mobarekeh**

Am Beispiel des Stahlwerkes von Mobarekeh soll die im Zuge der Iranian-Disease und Importsubstitution seit den 70'er Jahren im Iran entstandenen Industriestruktur verdeutlicht werden.
Die großen Industrieinvestitionen, die ausschließlich mit den Erdöleinnahmen finanziert wurden, zielten auf Autarkie von ausländischen Industriegütern. Hierfür war der Aufbau der kapitalintensiven Schlüsselindustrie notwendig.
Trotz enormer Investitionen in den letzten zwei bis drei Jahrzehnten in diesen Industriezweigen weisen sie keine Wettbewerbsfähigkeit nach und verfehlten ihre entwicklungsökonomischen Ziele.
Das Stahlwerk von Mobarekeh, das mit einer der modernsten Technologien der Stahlherstellung ausgestattet werden sollte, wird nach 16 Jahren noch mit staatlichen Subventionen aufrechterhalten. Es ist sehr devisenabhängig und hat in den 80'er Jahren den Löwenanteil der Staatsinvestitionen im Industriesektor absorbiert.

Der Bau der Stahlwerke von Mobarekeh, 60 km südlich von Isfahan, wurde 1977 mit Hilfe italienischer Unternehmen begonnen. In vier Jahren sollte das Werk, ausgestattet mit modernsten Technologien zur Stahlproduktion für eine Jahreskapazität von 240 Tsd. t. fertig gestellt sein.
Doch erst 1991 konnte mit der Produktion begonnen werden, die mit 117 Tsd. t. nicht einmal die Hälfte der geplanten Nominalkapazität erreichte.[27]

---

[27] *Resalat, 11. Farwardin 1373* [31.03.94]

Obwohl der Staat von 1974 bis 1994 insgesamt 811 Mrd. Rial, davon 4 Mrd. $, in diesem „ Mammutprojekt“ investierte, werden bis zur vollständigen Realisierung des subventionierten Projektes weitere Investitionen notwendig sein.[28]
Am Beispiel der Stahlwerke von Mobarekeh werden die Probleme der iranischen Industrie deutlich sichtbar. Das Werk ist von ausländischem Eisenerz und daraus hergestellten Halbprodukten abhängig. Ein Grund dafür, daß die Fertigstellung des Werkes sich so lange hinzog, lag daran, daß nicht ausreichend Devisen zum Einfuhr der benötigten Anlagen und Hilfsmittel zur Verfügung standen.
Das benötigte Know How war im Iran nicht vorhanden. Folglich kam mit dem Ausbruch der Revolution und der Einschränkung der Beziehungen zum Westen der Bau des Werkes teilweise zum Erliegen. Bisher hat das Werk über 200 Mrd. Rial und 170 Mio. $ für die Ausbildung und Einarbeitung seines Personals investiert.[29] Von ihnen wurden 1400 Techniker und Ingenieure zur Aneignung der angewandten Technologie ins Ausland gesandt.

Die Infrastruktur des Iran entspricht nicht den Anforderungen einer Schwerindustrie, so daß man mit erheblichen Transport-, Kommunikations- und Energieproblemen rechnen muß, wenn ein großes Werk in Betrieb genommen werden soll. Da das Werk nicht an das Schienennetz angeschlossen ist, müssen die Rohstoffe und Halbprodukte von der Hafenstadt Bandar Abas am persischen Golf über 1000 km per LKW angeliefert werden.
Allein für den Transport einer für das Werk bestellten Ladung aus Bandar Abas nach Mobarekeh vergingen 18 Monate Zeit, obwohl dafür ursprünglich nur eine Woche geplant waren. Die vorhandenen Brücken verfügten nicht über ausreichende Tragfähigkeit.[30]

Schon für die Hälfte der geplanten Nominalkapazität müssen jährlich etwa 2,5 Mio. Tonnen Eisenerz aus Brasilien und Bahrain eingeführt werden.
Der iranische Stahl verfügt über eine geringe Wettbewerbsfähigkeit im Vergleich zu ausländischen Produkten, so daß 1994 die Hälfte des hergestellten Stahls im Wert von 50 Mrd. Rial nicht abgesetzt werden konnte. Ein Grund dafür waren die Stahlimporte aus dem Ausland, die über eine höhere Qualität verfügten.[31]

---

28 *Naghsche Folad dar sanati schodan-e* Iran [Die Rolle des Stahls bei der Industrialisierung des Landes], in: *Resalat, 10. Farwardin 1373* [30.03.94]. legt man den realen Wechselkurs des freien Marktes zu Grunde, so werden die bisherigen Kosten über 1000 Mrd. Rial betragen.

29 *Resalat*, 27. Farwardin 1373 [16.04.94]

30 *Resalat*, 31.03.94 [*11. Farwardin 1373*]

31 Vgl. *Resalat*, 07.04.1994 [*18. Farwardin 1373*]

Die heimische Stahlproduktion ist ohne starke Protektion nicht überlebensfähig. Trotz massiver Unterstützung des Staates besteht dennoch keine Aussicht, daß in absehbarer Zeit die Kosten aus eigenen Einnahmen gedeckt werden können.[32] Diese Industrie steht nicht im engen Einklang mit der vorhandenen Industrie. Folglich konnten keine bemerkenswerten Wachstumsimpulse für vor- und nachgelagerte Industriezweige ausgelöst werden.

Die Tabelle 3-6 zeigt wie hoch die Staatsausgaben im Bereich der Metallherstellungsindustrie gewesen sind. 1989 investierte der Staat 113 Mrd. Rial in der Metallherstellungsindustrie. Das entsprach über 82% der gesamten Nettoinvestitionen des Staates im Industriesektor. Davon fielen 78 Mrd. Rial auf das Stahlwerk von Mobarekeh, und 24 Mrd. Rial auf das Stahlwerk von Ahwaz. Allein das Stahlwerk von Mobarekeh absorbierte 57% der Staatsinvestitionen im Industriesektor.

Tabelle 3-6: Die Nettoinvestitionen des Staates im Industriesektor, in der Metallherstellungsindustrie und im Bildungswesen (Mrd. Rial)

Jahr	1985	1986	1987	1988	1989	1990	1991	1992	1993
Industrie (I)	89,7	94,7	121,7	98,4	137,0	214,6	216,2	215,4	193,5
Metallherstellung (M)	59,2	70,2	94,9	74,2	112,5	164,7	154,3	122,8	45,2
Anteil (M/I)	66%	74%	78%	75%	82%	77%	71%	57%	23%
Bildungswesen	18,2	13,6	28,7	54,4	76,7	167,5	256,1	352,1	571,0

Quelle: Zentralbank der islamischen Republik Iran, verschiedene Jahresberichte

1990 flossen weitere 120 Mrd. Rial nach Mobarekeh.[33] Das machte 73% der Nettoinvestitionen in der Metallherstellungsindustrie und ca. 50% im gesamten Industriesektor aus.

Wie aus der Tabelle 3-6 hervorgeht, stellten die Investitionen in der Metallherstellungsindustrie im Durchschnitt 73% der gesamten Industrieinvestitionen des Staates zwischen 1985 und 1992 dar, deren Löwenanteil dem Stahlwerk von Mobarekeh zuzuordnen ist. Erst ab 1993 nahmen die Investitionen in der Metallherstellung ab, was einerseits auf die teilweise Inbetriebnahme des Werkes in Mobarekeh und andererseits auf eine restriktive Geldpolitik der Regierung zurückzuführen war.

---

32 Vgl. *Fulad-e Mobareke hamtschonan ziandeh ast* [Mobarekeh Stahlwerke schreibt weiter hin rote Zahlen], in: *Resalat*, 03.04.1994 [*14. Farwardin 1373*]

33 Zentralbank vom Iran: Jahresbericht 1990 (*Gosaresch-e Egtezadi wa taraznameh sal-e 1369*), S. 72

Bemerkenswert ist die Tatsache, daß die Nettoinvestitionen des Staates im Bereich des Bildungswesens, die aus entwicklungsökonomischer Sicht außerodentlich wichtig sind, in den 80'er Jahren erheblich geringer ausfielen als die Investitionen in der Metallherstellungsindustrie[34], bei der der Iran grundsätzlich keine komparativen Produktionsvorteile nachweisen kann. Insofern verfehlten die erheblichen Investitionen der letzten zwanzig bis dreißig Jahre in die Metallherstellungsindustrie ihre entwicklungsökonomischen Ziele.[35]

3.3 Protektionismus

Um den Teil der inländischen Industrie, der zum non-tradable-sector gehört, ausbauen zu können, war es notwendig, daß der iranische Markt für solche Güter von den ausländischen Konkurrenten abgeschirmt wird. Dabei entstand ein kompliziertes, protektionistisches System, welches im folgenden näher betrachtet wird.
Der Protektionismus wurde nach der Revolution mit Hilfe tarifärer und nicht-tarifärer Instrumente weitergeführt. Zu den tarifären Instrumenten gehörten Zölle, Trade Benefit[36] und Gebühren für Auslandsbestellungen.
Während die Zollbestimmungen in der Hand der Legislative liegen, nutzt die Regierung das Trade Benefit, um den Außenhandel regulieren zu können.
Der Iran versucht den Import von Konsumgütern zugunsten einzuführender Zwischenprodukte und Kapitalgüter, die für den Industriesektor von erheblicher Bedeutung sind, zu reduzieren. Demzufolge betrug das Trade-Benefit 1988 für Konsumgüter 138,8% und für Kapitalgüter nur 24,6% des c.i.f. Warenwertes. Eine abgeschwächte Struktur ist auch bei den Zollsätzen zu finden.

Auf die Waren fallen um so mehr Abgaben, je weiter sie hinten im Produktionszyklus stehen. Während z.B. auf Wolle 1988 nur 10% Zoll entfiel, betrugen die Zollsätze für Textilfäden und Konfektionskleidung 15% bzw. 35%.

---

[34] s. Jahresberichte der Zentralbank der islamischen Republik Iran, s. folgende Tabelle. Die Zunahme der Nettoinvestitionen des Staates in den 90'er Jahren im Bereich des Bildungswesen ist hauptsächlich auf den hohen Bevölkerungswachstum zurückzuführen.

[35] s. *Jameh-Salem,: Mizegerd dar bahreh Egtezad-e Iran, Nr. 33, Mordad 1376* [August 1997]

[36] *Soud-e Bazargani*

Tabelle 3-7: Zollsatz und Trade-Benefit für verschiedene Warengruppen im Jahr 1988

	Zahl der Tarife	Zollsätze	Trade-Benefit
Kapitalgüter	532	12,6	24,6
Zwischenprodukte	2361	28,4	51,7
Konsumgüter	841	36,3	139,8

Quelle: Institut for Trade Studies and Research, Teheran, in: Rahimi, A.: The structure of Protectionist Policies prior to 1370 [1991], in: Business Surveys, January 1995, S.16

Der starke Protektionismus im Industriesektor zeigt sich in der Zahl der Industrieprodukte, die als nicht-erlaubt bzw. als bedingt erlaubt eingestuft wurden.[37] Von insgesamt 1217 unerlaubten Importgütern fallen 1089 (89,5%) auf Industrieprodukte und 108 (8,9%) auf Agrarprodukte.

Tabelle 3-8: Nicht-tarifäre Restriktionen im Iran 1991

	Anzahl der		
	unerlaubten Güter	*bedingt erlaubten Güter*	*erlaubten Güter*
Industrieprodukte	1089	2250	175
Agrarsektor	108	79	6
Bergbau	21	43	-
Gesamt	1217	2379	177

Quelle: Institut for Trade Studies and Research, Teheran, in: Rahimi, A.:The structure of Protectionist Policies prior to 1370 [1991], in: Business Surveys, January 1995, S.16

Ein sehr wichtiges Instrument des iranischen Protektionismus ist das multiple Wechselkurssystem. Hierdurch wurde die Industrie mit subventionierten Devisen vor dem Auslandswettbewerb geschützt.

37 Hierbei unterscheidet man zwischen „erlaubten", „bedingt erlaubten", „nicht-erlaubten" und „verbotenen" Gütern. Zu den verbotenen Waren werden die Waren gezählt, die aus religiösen Gründen oder aus Sicherheitsgründen nicht importiert werden. Die Liste der nicht-erlaubten Güter kann von Zeit zu Zeit, je nach Protektionspolitik der Regierung, variieren. Für den Import von bedingt erlaubten Gütern müssen die Genehmigungen verschiedener Ministerien eingeholt werden.
1991 waren Importwaren im Iran so aufgeteilt: 32% nicht erlaubt, 63% bedingt erlaubt und nur 4,7% erlaubt. S. Rahimi, A.:The structure of Protectionist Policies prior to 1370 [1991], in: Business Surveys, January 1995, S.13

Mit der Devisenquotierung und der Einführung des multiplen Wechselkurssystems verfolgte die Regierung dieselben protektionistischen Zielen wie beim tarifären und nicht- tarifären Protektionismus.
Für den Import von Zwischenprodukten und Kapitalgütern wurden Devisen mit offiziellem Wechselkurs, der erheblich unter dem realen Wechselkurs lag, zur Verfügung gestellt.
Um die Devisenausgaben unter schärfere Kontrolle zu stellen, beschloß das iranische Parlament 1985, daß die Regierung dem Parlament zusätzlich zum Haushalt in der Landeswährung Rial einen Devisenhaushalt vorgelegt. Damit wird die Ausgabe von zu erwartenden Deviseneinnahmen schon zu Jahresbeginn eingeplant.

3.4 Exportboom und Fiskalpolitik

Der Fiskalpolitik kommt beim ökonomischen Entwicklungsprozeß große Bedeutung zu. Sie stellt ein wichtiges Instrument des Staates dar, das zur Finanzierung der Staatsausgaben, zur Lenkung der Einkommensverteilung und zur Steuerung des Unternehmenssektors eingesetzt wird. Im Zuge des Erdölexportbooms wurde die Bedeutung dieses Instrumentes jedoch erheblich abgeschwächt.
Die Einnahmen des Staates wurden immer mehr vom Erdölexport abhängig. Von 21,2% Mitte der 50'er Jahre stieg der Anteil der Erdöleinnahmen an den gesamten Staatseinnahmen in zwei Dekaden auf über 76%. Die Transferleistung, die durch den Exportboom erreicht wurde, führte zur Lockerung des Steuersystems. Der Staat sah sich nicht gezwungen, ein funktionsfähiges Steuersystem aufzubauen. Der Regierung war Mitte der 70'er Jahre voll damit beschäftigt, die erworbenen Erdöleinnahmen irgendwie auszugeben.[38]
Nach der Revolution, insbesondere in der ersten Revolutionsdekade, wurde an der Struktur der Staatseinnahmen kaum etwas geändert.

Der Staat zog durchschnittlich zwischen 1970 und 1990 59% seiner Einnahmen aus dem Erdölsektor (s. Abbildung 3-5). In diesem Zeitraum stellten die direkten und indirekten Steuern insgesamt nur 30,4% der Staatseinnahmen dar. Weitere 10,6% fielen auf sonstige Einnahmen des Staates.[39]

Der geringe Anteil der Steuern an den Staatseinnahmen führte dazu, daß beim Verfall des Erdölpreises ab Mitte der 80'er Jahre der Staat mit leeren Kassen kon-

[38] Vgl. Graham, Robert: Iran, Die Illusion der Macht, Berlin 1979, S. 90-93

[39] Unter den sonstigen Einnahmen versteht man die durch den Verkauf von staatlichen Dienstleistungen und Gütern erwirtschafteten sowie aus dem Staatseigentum erzielten Einnahmen. Dazu zählen auch Zinsen aus im Ausland angelegtem Staatskapital und Einnahmen aus dem Verkauf von Devisen. (s. Akhawi, A., S.331)

frontiert wurde. Folglich mußten Zentralbankkredite zur Finanzierung der Staatsausgaben herangezogen werden. Diese wiederum führten zur Erhöhung der Geldmenge und dadurch zur Inflation.

Abbildung 3-5: Die Struktur der Staatseinnahmen im Iran 1970-90

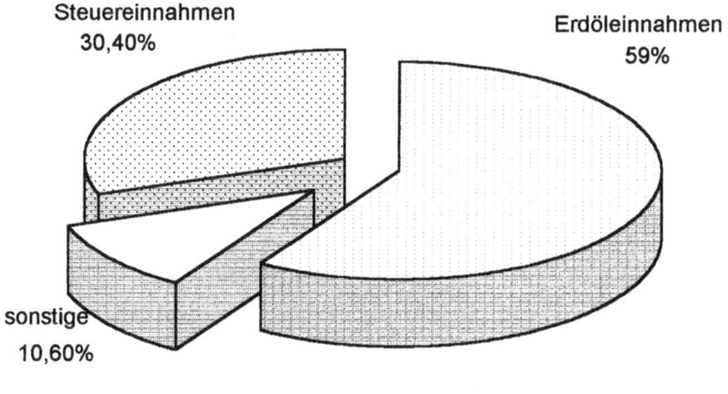

Quelle: Eigene Darstellung und eigene Durchschnittsberechnung nach Angaben der Zentralbank des Iran; verschiedene Jahresberichte

In den 70'er Jahren finanzierte der Staat mit den steigenden Erdölpreisen zunehmend seine Investitionen durch Erdöleinnahmen. Nach durchgeführten Berechnungen lag der Regressionskoeffizient zwischen den Erdöleinnahmen und Staatsinvestitionen in dieser Zeit bei 0,98.[40]
Beim Sinken der Erdöleinnahmen war es dem Staat jedoch nicht möglich, seine Ausgaben entsprechend zu reduzieren. Das führte einerseits zum Anstieg des Staatsdefizites und andererseits zu einer verstärkten Erdölförderung, um der defizitären Entwicklung entgegenzuwirken. Somit entstand eine Abhängigkeitsspirale zwischen den Staatsausgaben und den Einnahmen aus dem Erdölsektor.

Erst seit Beginn der 90'er Jahre versucht die Regierung, mit großer Mühe die Steuerdisziplin wieder herzustellen. Ihr fehlt jedoch eine effektive Organisation zur Steuererfassung und –eintreibung.

[40] s. Karshenas, Massoud: Oil, State and Industrialization in Iran, 1990, S. 172

3.5 Erdölexport und Inflation

Die Entwicklung des Erdölexports beeinflußt eine Reihe von makroökonomischen Größen. Darunter ist das Preisniveau im besonderen Maße vom Erdölexport abhängig. Die Inflationsrate, die bis zum ersten Erdölschock in den 60'er Jahren im Durchschnitt nur etwa 3% betrug, stieg auf 15% im Jahre 1974. Hierfür war der durch den Erdölboom erzeugte Einkommenseffekt verantwortlich, welcher die Nachfrage der Haushalte nach Konsumgüter erheblich erhöhte. Da die Angebotskapazitäten nicht mit dem selben Tempo ausgebaut werden konnte, herrschte ein Nachfrageüberschuß auf dem Markt, der das Preisniveau in die Höhe trieb. Zwischen 1974 und 1977 betrug die Inflationsrate im Durchschnitt 15,5%.[41]
Seit der Revolution stellt der andauernde Anstieg der Konsumgüterpreise den Iran vor gravierende ökonomische, soziale und politische Probleme, wie die Hungeraufstände in den Armenvierteln von Teheran bereits gezeigt haben. Innerhalb von vier Jahren, nämlich von 1979-83, stiegen die Konsumgüterpreise um mehr als das Doppelte.[42]In den Jahren 1990-95 betrug die Inflationsrate im Durchschnitt 31%. 1995 erreichte sie ihren Höchstwert seit dem 2. Weltkrieg, nämlich 52%.

Aufgrund der beschrieben Industriestruktur des Iran beeinflußt der Erdölexport das gesamte Volkswirtschaftsangebot im erheblichen Maße.
Im Falle eines Sinkens des Erdölpreises wird das Devisenangebot knapp und der Import von Konsum-, Halb- und Fertigprodukten eingeschränkt. Die Importeure werden gezwungen, die benötigten Devisen zu höherem Kurs auf dem freien Devisenmarkt einzukaufen. Für die bis zu 60% vom Import von Rohstoffen und Halbprodukten abhängige[43] Industrie bewirkt dies sowohl einen Produktionsrückgang als auch einen Kostendruck.
Die Einschränkung des Konsumgüterimportes hat ein Angebotsdefizit zur Folge, das sich in gestiegenen Preisen vor allem für Lebensmittelprodukte niederschlägt.
Fertigprodukte, die zur Steigerung der Produktionskapazitäten beitragen sollen, können aufgrund der Devisenknappheit nicht mehr importiert werden.
Die Importrestriktionen führen eine Stagflation herbei, gekennzeichnet durch eine Rezession und einen gleichzeitigen Nachfrageüberschuß.[44] Die Kapazitätsausla-

---

[41] Amuzegar, Jahangir: Iran's Economy under the Islamic Republic, NY 1993, S. 6

[42] Zentralbank vom Iran, in: *Baressi-e Tahawolat-e egtezadi-e Keschwar bad az Enghelab* [Analyse der Wirtschaftsentwicklung des Landes nach der Revolution], Teheran, S. 660

[43] Zentralbank vom Iran: *Baressi tahawolate eqtezadi keschwar ba az engelab-e eslami* [Eine Studie über der Wirtschaftsentwicklung des Landes nach der islamischen Revolution],1982.S.*162*

[44] Vgl. Imani Rad, M. : *gerani, geranforuschi wa tawarom* [Verteuerung, Preistreiberei und Inflation], in: Madschleß wa Pazhuhesch, Nr:12, 1373 [1994], S.20

stung betrug 1989 für die Konsumgüterindustrie 22% und für die Fertigproduktindustrie sogar nur 17%.[45]
All dies führt zu Restriktionen auf der Angebotsseite der Volkswirtschaft und treibt die Inflationsrate in die Höhe.

3.6 Schlußfolgerung

Die Iranian-Disease stärkte über den Einkommenseffekt die Nachfrage nach Binnenmarktgütern, zu denen im Iran die Industriegüter zählten. Der non-tradable sector wurde über den Ausgaben- und Ressourcentransfereffekt ausgebaut. Im Gegenteil zur Dutch Disease, die eine Deindustrialisierung hervorruft, führte die Iranian Disease zur De-agriculturalization. Der Industriesektor erhielt nach dem Erdölexportboom immense Wachstumsimpulse.
Die Entwicklungspolitik selbst, die dazu beitragen könnte, gegen die negativen Folgen des Rohstoffexportbooms zu steuern, verschärfte die ökonomischen Probleme des Iran. Die vom Staat angestrebte Importsubstitutionsstrategie intensivierte den Industrialisierungsprozeß, welcher stark auf den Binnenmarkt ausgerichtet war. Die aufgebaute Industrie in den 70'er Jahren war folglich_sehr kapitalintensiv und devisenabhängig. Innerhalb der neuen Industrien gab es wenig Verzahnung. Um diese Industrie aufrechtzuerhalten, waren eine Fülle von protektionistischen Maßnahmen notwendig.
Die durch protektionistischen Schutz verwöhnte iranische Industrie verfügt über wenig Wettbewerbsfähigkeit und ist daher nicht in der Lage, die für eigene Aufrechterhaltung notwendigen Devisen selbst zu erwirtschaften.

Die islamische Revolution im Februar 1979 markiert den Beginn eines neuen politökonomischen Kapitels des Iran. Die tiefgreifenden Veränderungen in den Bereichen des Staatswesens, der Wirtschaftsordnung, des Eigentumsrechtes und der Kultur beeinflußten ab nun die Wirtschaftsentwicklung des Landes im besonderen Maße.

Diese Interdependenz zwischen der Metaökonomie und der Wirtschaftsentwicklung kann nicht mittels der auf den Markt beschränkten Kriterien ausreichend untersucht werden, so daß an dieser Stelle die Instrumente der Institutionenökonomik zur Analyse der postrevolutionären Entwicklungsökonomie des Iran herangezogen wird.

---

45 Dawudi, Parwiz: *gerani, tamoli rischenegar* [Verteuerung, ein Blick in die Wurzeln], in: Madschleß wa Pazhuhesch, Nr. 12, 1373 [1994]

4 Institutionen und die ökonomische Entwicklung im Iran: Institutional Gap

4.1 Institutionen: Bedeutung und Begriffserklärung

Die Wirtschaftsentwicklung des Iran ist insbesondere seit 1979 von außerökonomischen Faktoren, die aus der islamischen Revolution hervorgegangen sind, geprägt. Daher scheint eine entwicklungsökonomische Analyse, die solche Faktoren nicht umfaßt[1], nicht in der Lage zu sein, ein relativ objektives Bild über die Entwicklungshemmnisse des Iran zu liefern.
Zur Analyse dieser Faktoren soll der zentrale Begriff „Institution" herangezogen werden.[2]

Die Bedeutung außerökonomischer Faktoren im Entwicklungsprozeß wurde mit zunehmender Kritik an dem neoklassischen Wachstumsmodell deutlicher.[3, 4] Nach dem neoklassischen Wachstumsmodell ist das Wachstum abhängig vom technologischen Niveau und Humankapital, welche durch weltweit verfügbare Technologie und Zuwachsrate der Bevölkerung exogen vorgegeben sind. Dagegen kann nach moderner Wachstumstheorie das technologische Niveau endogen bestimmt werden. Damit wird die institutionelle Sichtweise der Betrachtung entwicklungsökonomischer Probleme unterstrichen, da für die Aneignung, Anwendung und Verbreitung der modernen Technologien eine Reihe institutioneller Hürden in den Entwicklungsländern - und im Iran- zu überwinden sind, worauf später in dieser Arbeit eingegangen wird.
Für die weitere Analyse wird zunächst der Begriff Institution näher betrachtet. Dabei wird North Definition zugrunde gelegt. Danach besteht eine Institution aus

> „ ...a set of constrains on behaivior in the form of rules and regulations; a set of procedures to detect deviations from the rules and regulations; and, finally, a set

---

1 In diesem Zusammenhang s. Homman, Karl /Suchanek, Andreas: Methodologische Überlegung zum ökonomischen Imperialismus, in: Analyse & Kritik, 11 (1989), S. 70ff

2 Der Begriff „Institution" spielt in der Institution Economics sowie in der Neuen Politischen Ökonomie (NPÖ) eine zentrale Rolle. Für die erstere s. North, Douglass C.: Institutions, Institutional Change and Economic Performance, 1990, S. 3f und Langlois, R.N.: Economics as a process, Essays in the new Institutional Economics, S. 2f für NPÖ s. Kirsch, G.: Neue politische Ökonomie, Düsseldorf 1983, und Frey, B.S.: Internationale Politische Ökonomie, München 1985

3 Vgl. North, Douglass: Structure and Change in Economic History, NY 1981, Chapter I und North, D.C.: Institutionand Economic Growth: An Historical Introduction, in: World Development, No. 9, 1989, S. 1319

4 Vgl. auch Wagner, Helmut: Entwicklungsökonomie, in: WiSt, Heft 3, 1996, S.129

of moral, ethical behivoral norms which define the contors that constrain the way in which the rules and regulations are specified and enforcementist carried out.“[5]

Diese Definition stimmt mit der in der Entwicklungsökonomie von Nugent und Lin verwendeten Definition überein. Sie verstehen unter dem Begriff Institution „... a set of humanly devised behavoral rules that govern and shape the interaction of human beings, in part by helping them to form expectations of what other people will do. In so constraining behavior, institutes may be reflected in the appearence of certain behaivoral regularieties or norms.“[6]

„ eine Regel für das Entscheiden von Individuen in sich wiederholenden mehr personellen Entscheidungssituationen, die soweit allgemeine Anerkennung erlangt hat, daß die Individuen bestimmte wechselseitige Verhaltenserwartungen besitzen.“

Damit hebt sich der Begriff Institution von seiner herkömmlichen Bedeutung ab. Er umfaßt nicht nur die Institutionen wie Staat, Parlament und Gewerkschaften sondern alle zwischenmenschlichen (mehrpersonellen) Regelungen, worauf sich die Menschen auf Dauer verlassen können. Die Institutionen können als kollektive Arrangements von Regelbefolgungen aufgefaßt werden.[7]
Elsner stellt Prisoners'-Dilema (PD)-Situation als einen Mechanismus dar, welcher aufgrund der Nutzenmaximierung dazu führt, daß die optimale Institution (Regel) in einem dynamischen Prozeß zustande kommt.[8], [9] Da das Verhalten des Einzelnen vom Verhalten der anderen abhängig ist, lernt das Individuum, daß sein Maximalnutzen dadurch erreicht wird, wenn es die Regel einhält.
„ Anders als in der einmaligen Entscheidungssituation können sich in der wiederholten Entscheidung die Kosten der Regelverletzung als höher erweisen als der Nutzen, da man wiederholt in der pareto-inferioren Situation landen kann. Diese

[5] North, Douglass C.: transaction Costs, Institutions, and Economic History, in: Journal of Institutional and Theoretical Economics, 140 (1984), S. 203

[6] Nugent, J.B./Lin, J.Y.: Institutions and Economic Development, in: Behrman, J./Srinivasan, T.N.: Handbook of Development Economics, Vol. IIIa, S. 2307

[7] Vgl. Priddat, Birger P.: Die Zeit der Institutionen: Regelverhalten und rational choice, in: Priddat, Birger P. (Hrsg.): Zwischen Evolution und Institution, Neue Ansätze in der ökonomischen Theorie, 1996, S. 15

[8] Elsner, Wolfram: Institutionen und ökonomische Institutionentheorie, Begriffe, Fragestellung, theoriegeschichtliche Ansätze, in: WiSt Heft 1, Januar 1987, S. 5

[9] Für detaillierte Beschreibung von PD-Situation sehe auch Schneider, WiSt, Heft 12, 1979

Erfahrung kann die Individuen dazu bringen, sich regelgebunden koordiniert zu verhalten, also die Institution beachten".[10]
Entstehen neue zu entscheidenden Probleme, dann sollen neue Institutionen hervorragen, welche allen Akteuren maximalen Nutzen stiften.
Eine Entstehensverzögerung der notwendig gewordenen Institutionen ruft zusätzliche Kosten hervor, die sich aus der Ineffizienz der alten Institution ergeben.
Nach Elsner findet sich die institutionelle Betrachtung der Ökonomie auch bei den Klassikern. So zum Beispiel stellt die von Adam Smith als unsichtbare Hand definierte „Selbstliebe", die streng vom Egoismus unterschieden wird, eine entscheidende Institution zur Sicherung des Wohlstandes der Nation.[11]

Die sogenannten „New Institutional Economics" beschäftigen sich mit dem Entstehen und dem Wandel von Entscheidungsregeln auch und gerade jenseits von Märkten.[12] Es geht um juristische Regelungen, Bürokratien, Verbände, sonstige Organisationen und um staatliches Regierungshandeln.[13] Damit wird der „Datenkranz" der Neoklassik, der als vorgegeben angenommen wurde, endogenisiert.

4.2 Entwicklungsökonomie und Institutionen

Aus Sicht der Institutional Economics geht die ökonomische Entwicklung mit der Veränderung der institutionellen Strukturen einher.
Die komplexer werdenden Wirtschaftstransaktionen setzen entsprechende Erneuerungen in den institutionellen Strukturen voraus. Sie sind Voraussetzung für eine Wirtschaftsentwicklung.
Aneignung und Anwendung moderner Technologien, effektive Unternehmensführung und daraus folgend eine höhere Produktivität sind einige Merkmale solcher Entwicklung. Sie erfordert jedoch, daß das institutionelle Arrangement jeweils präzisiert, erneuert und optimiert wird.[14]

---

[10] Elsner, W., Institutionen und ökonomische Institutionentheorie, Begriffe, Fragestellung, theoriegeschichtliche Ansätze, in: WiSt Heft 1, Januar 1987, S. 7

[11] Ebenda

[12] Nitsch, Manfred: Vom Nutzen des institutionellen Ansatzes für die Entwicklungsökonomie, in: Körner, Heiko (Hrsg.), Zur Analyse von Institutionen im Entwicklungsprozeß und in der internationalen Zusammenarbeit, Berlin 1989, S. 38

[13] Ebenda

[14] Nugent, J.B./Lin J.Y.: Institutions and Economic Development, in: Behrman, J./Srinivasan, T.N.: Handbook of Development Economics, Vol. IIIa, S. 2313

Das Kriterium zur Auswahl eines Institutionsarrangements sind die Transaktionskosten. Dieses sind solche Kosten, die durch Organisieren, Aufrechterhaltung und Anwendung der Regeln eines institutionellen Arrangements anfallen.[15] Nach Richter/Furuboten umfassen die Transaktionskosten den Ressourcenaufwand für die Vereinbarung der Transaktionsmodalitäten, die Überwachung und nötigenfalls die Durchsetzung absprachegemäßen Verhaltens.[16] Die Transaktionskosten reduzieren den zu verteilenden Nutzen der Akteure. Es ist daher sinnvoll durch die Gestaltung der institutionellen Rahmen (Arrangement) solche Kosten zu minimieren.
„ Unter sonst gleichbleibenden Voraussetzungen besteht zwischen allen Akteuren Einvernehmen darüber, daß Institutionen mit hohen Transaktionskosten zugunsten effizienterer aufgegeben werden sollen.“[17] Das ist zugleich der Motor der institutionellen Entwicklung wie beispielsweise North, einer der bekanntesten Repräsentanten der New Institution Economics formuliert: „In fact the basic determinant of the form of exchange is which structure will minimize combined transaction and production costs.“[18]

Die Bedeutung einer institutionellen Betrachtungsweise ökonomischer Prozesse wird im Hinblick auf neuere Wachstumstheorien, wie bereits erwähnt, unterstrichen. Während im alten neoklassischen Wachstumsmodell der Fortschrittsstand der Technologie einer Volkswirtschaft als exogen betrachtet wurde und damit die Höhe des Wachstums nur von Arbeit und Kapital abhängig war, wird in der modernen Wachstumstheorie die Technologie als eine endogene Variable behandelt.[19]
Danach hängt die langfristige Wachstumsrate von der Wissensakkumulation und Humankapitalbildung ab. [20] In diesem Zusammenhang hat sich in den letzten Jah-

---

[15] Derselbe, S. 2315

[16] Vgl. Furubotn, E.G./Richter, R.: The New Institutional Economics, Tübingen 1991, S. 8f

[17] Grosser, Joachim: Transaktionskostenansatz der Neuen Institutionenökonomik, in: Seifert, E.K./ Priddat, B.P.: Neuorientierungen in der ökonomischen Theorie, Marburg 1995, S. 243

[18] North, Douglass C.: The New Institutional Economics, in: Journal of Institutional and Theoritical Economics, Nr. 142, 1986, S. 231

[19] Shams, Rasul: Investment, finance and the new theories of economic growth, in: Fischer, Bernhard (ed.): Investment and Financing in Developnig Countries, HWWA Hamburg, 1994, S.15, s. auch Romer, P.M.: Increasing returns and long-run growth, in: Journal of Political Economy, Vol. 94, 1986, und Romer, P.M.: Endogenous technological change, in: Journal of Political Economy, Vol. 98, 1990

[20] Vgl. Hemmer, H. R./Wilhelm, R.: Neue Hoffnung für die Entwicklungsländer?, Entwicklungspolitische Implikationen endogener Wachstumstheorien, in: E+Z Entwicklung und Zusammenarbeit, Jg. 37, Nr. 2, 1996, S. 40f

ren in der Entwicklungsökonomie die *Human Factor Paragdigma* (HFP) herausgebildet, welche die Entwicklung vorrangig auf das geeignetes Humankapital zurückführt.[21]
Für die Entwicklungsländer ergibt sich hieraus die Forderung nach einer stärkeren Aneignung der Wissenschaft und einer Beteiligung an der Wissensproduktion der Welt. Diese Anforderungen setzen jedoch enorme institutionelle Anpassungsprozesse voraus.

Nicht nur die Institutionen, wie ein diktatorischer Staat, stehen einer Vertiefung und Verbreitung moderner marktwirtschaftlicher Strukturen entgegen. Auch traditionelle gesellschaftliche Normen und Denkweisen müssen, wie für den Iran noch aufgezeigt wird, geändert werden, wenn es zu einer erfolgreichen Wirtschaftsentwicklung kommen soll.

Nach der genannten Definition beinhaltet die Institution sowohl formelle Subjekte wie Gesetze, Verträge, Organisationen und rechtlich definierte Märkte als auch informelle Subjekte wie gemeinsame Werte, Normen, Ethik und Ideologie.[22]

Die durch die islamische Revolution nachhaltig veränderten Institutionen, welche im weiteren Verlauf der Arbeit analysiert werden, wirken sich erheblich auf die Wirtschaftsentwicklung des Iran aus. Dabei wird gezeigt, daß die Transaktionskosten der Institutionen, insbesondere des Staates, seit der Revolution, verglichen mit ihren ökonomischen Nutzen sehr hoch und ineffizient sind, ein wesentlicher Grund zur ökonomischen Unterentwicklung des Landes.

---

21 Vgl. Adjilbolosoo, S. B.-S.K.: The Human Factor in Development, in: Scandinavian Journal of Development Alternatives 12 (4) 1993, S. 139-149 und Adjilbolosoo .: The Significance of the Human Factor in African Economic Development, NY 1995 Economic Development, NY 1995S.B.-S.K. Adjibolosoo, ed., The Significance of the Human factor in African Economic Development, NY 1995

22 Ebenda, S. 2307

4.3 Die Rolle der Institutionen bei der Wirtschaftsentwicklung des Iran

4.3.1 Das Staatswesen der islamischen Republik Iran

Der Staat verfügt über das Gewaltmonopol und reguliert durch die Ausübung politischer Macht die Angelegenheiten einer Nation. Der Staat hat eine Koordinationsfunktion für andere Institutionen und spielt eine unverzichtbare Rolle bei der Schaffung der Rahmenbedingungen für die wirtschaftlichen Aktivitäten.
Eine effektive Regierungsführung wird als wesentlich für eine dauerhafte Entwicklung angesehen.[23] Unter der Regierungsführung wird ein breites Spektrum von Angelegenheiten wie die Wirksamkeit der institutionellen Einrichtungen des Staates, Entscheidungsprozesse, Politikformulierung, Ausführungskapazitäten und die Art der Beziehungen zwischen Regierenden und Regierten verstanden.[24]

Die islamische Revolution veränderte das Staatswesen im Iran grundlegend. Staatliche Entscheidungskompetenzen sind nicht mehr eindeutig bestimmten Institutionen zugeordnet und politische Uneinigkeiten dadurch vorprogrammiert.
So wurden parallel zu Regierung und Parlament mehrere politisch machtvolle Institutionen geschaffen, wie z.B. der "*waliy-e fagih*" (Imamnachfolger) und des "Wächterrates der Verfassung". Sie können politische Entscheidungsprozesse in ihrem Sinne gegen Parlament und Staatspräsident lenken.

Waliye fagih[25] ist nach schiitischer Lehre jemand, der in Abwesenheit des letzten heiligen Imams[26] die religiöse und die politische Führung der islamischen Gesellschaft übernimmt[27]. Er bestimmt die wichtigsten politischen Leitlinien des Landes und verfügt über Rechte wie: Ernennung der Mitglieder des Rates der Verfassungswächter und Berufung und Absetzung der Militärführung.[28] Seit dem Tode von Ajatollah Khomeini ist Ajatollah Khamenei der *Waliye fagih* im Iran.

---

23 Vgl. Landell-Mills, P. & Serageldin, I.: Regierungsführung und Entwicklungsprozeß, in: Finanzierung & Entwicklung, September 1991, S. 14

24 Ebenda

25 Zum Begriff *Waliye faghih* sehe u.a. Dastmalchi, Parviz: *Payehay-e Domokrassi* [Die Grundzüge der Demokratie], Berlin 1993, S. 81-93

26 Nach schiitischen Glauben ist der letzte Nachfolger des Propheten Mohammed nicht gestorben, sondern begab sich 882 nur in die Verborgenheit.

27 Vgl. Balaghi-Mobayen,M., Die wirtschaftliche Entwicklung des Iran seit dem zweiten Weltkrieg unter dem Gesichtspunkt der außenwirtschaftlichen Verflechtungen, 1992,S.75

28 Ebenda,S.76

Der "Wächterrat der Verfassung" überprüft jeden Beschluß des Parlamentes darauf , ob er verfassungskonform sei. Dies bedeutet, daß er nicht im Widerspruch zur islamischen Lehre stehen darf.[29] Der Wächterrat der Verfassung blockierte zwischen 1986 und 1988 etwa 100 Gesetze, die von Regierung und Parlament schon verabschiedet worden waren.[30]

Der "Rat für die Gesamtinteressen des Landes" mußte im Februar 1988 ins Leben gerufen werden, um den mehrjährigen Streit zwischen dem Parlament und dem "Wächterrat der Verfassung" zu entschärfen.[31],[32]

Eine weitere besondere Institution der iranischen Politik stellen die "Freitagsprediger" jeder Stadt dar. Sie spielen eine maßgebliche Rolle bei der kommunal- und landespolitischen Meinungsbildung und Entscheidungsfindung[33], obwohl ihre Rolle dabei nicht eindeutig durch Gesetze definiert ist.

Der Staatsapparat, der für die gesamte Exekutive zuständig ist, steht im Spannungsfeld mehrerer politischer Institutionen, deren Interessen häufig mit den Zielen des Staates im Konflikt stehen. Die islamische Republik ist somit durch ständige staatspolitische Zwistigkeiten gekennzeichnet und dadurch in ihrer Handlungsfähigkeit stark eingeschränkt.[34] Die politischen und wirtschaftlichen „Verfügungsrechte“[35] werden die Beute des Stärkeren.

Zahlreiche Beispiele zeigen, daß die heterogenen Machtstrukturen einen hohen Aufwand an Ressourcen und Transaktionskosten bewirken. Bei den Entscheidungen mit hoher politischer Brisanz, ist es in der Vergangenheit sogar zur vollständigen Entscheidungsunfähigkeit des Staates zum „Dead Lock“ gekommen. So wurden z.B. alle vom „Wächterrat der Verfassung“ blockierten Gesetze ohne Ergebnis mehrmals in den Ausschüssen und im Parlament behandelt. Zur Überwindung sol-

---

[29] Vgl. Kooroshy, J., Wirtschaftsordnung der islamischen Republik Iran, 1990, S.116

[30] Khomeini öffnet den Radikalen eine Tür, in: Handelsblatt vom 24.2.1988

[31] Vgl. Ebenda

[32] Das Streitthema war der dritte Paragraph (*band-e dschim*) des „Bodenreformgesetzes“, das vom Parlament beschlossen wurde. Dieser sah vor, daß brach liegende landwirtschaftliche Böden konfisziert und an den landlosen Bauern vergeben werden. Da eine Reihe von konservativen einflußreichen Ajatollahs selbst Großgrundbesitzer waren und sie im Wächterrat der Verfassung die Mehrheit stellten, wurde das Gesetz mehrmals abgelehnt.

[33] Vgl. Kooroshy,J.,a.a.O.,S.122

[34] Vgl. Der Streit um die Koran/Auslegung hat die Wirtschaft in eine Sackgasse geführt, in: Handelsblatt, Nr.64, vom 31.März 1988

[35] Zum Begriff „Verfügungsrechte“ oder „Property Rights“ s. den nächsten Abschnitt und auch: Meyer, Willi: Entwicklung und Bedeutung des Property Rights-Ansatzes in der Nationalökonomie, in: Schüller, Alfered: Property Rights und ökonomische Theorie, 1983, S. 1-44 und Richter/Furubotn: Neue Institutionenökonomik, 1996, S.82ff

cher Entscheidungsblokaden gründete Ajatollah Khomeini schließlich eine neue Institution, nämlich den "Rat für die Gesamtinteressen des Landes", der sich aus prominenten Vertretern des Parlaments, der Regierung, der Justiz sowie des Rates für nationale Sicherheit zusammensetzte.

Aufgrund solcher institutionellen Strukturen konnte bis heute keine einheitliche Entscheidung über ausländische Investitionen im Iran erzielt werden.[36] Auch die Grenzen des Privateigentums sind bis heute gesetzlich noch nicht definiert, da diesbezüglich die Meinungen des Klerus sehr weit auseinander liegen.

Die tiefgreifenden Änderungen der institutionellen Rahmenbedingungen nach der islamischen Revolution erschwerten die Entwicklung der Volkswirtschaft des Iran erheblich. Um die Macht zu stabilisieren, stimmen die konkurrierenden Kräfte ohne Rücksicht auf die Effizienzwirkungen einer Verfügungsrechtsstruktur zu, die Ihnen Vorteile schafft.[37] Dabei bleibt das Interesse der Bürger und damit die gesamtvolkswirtschaftliche Entwicklung des Landes auf der Strecke.

4.3.2 Die Bedeutung der Verfügungsrechte (Property Rights) für die ökonomische Entwicklung des Iran

Unter den Verfügungsrechten wird hier „ein Bündel von Entscheidungsrechten über Güterverwendungen, alleinige Verantwortlichkeit solcher Entscheidungen und das Recht auf freie Übertragbarkeit dieser Rechte“[38] verstanden. Diese Definition korrespondiert mit den absoluten Verfügungsrechten, die von Richter als Überbegriff für Sacheigentum und andere absolute Rechte verwendet wird.[39] Der rechtliche Schutz individueller Verfügungsrechte hat die wichtige wirtschaftliche Funktion der Schaffung von Anreizen zur effizienten Nutzung von Ressourcen.[40]

---

[36] Vgl. Die Liberalisierung gerät ins Stocken, in: Handelsblatt,Nr.198,vom 13. Okt.1992

[37] Vgl. Richter/Furubotn: Die Neue Institutionenökonomik des Staates, in: Richter/Furubotn, Neue Institutionenökonomik, 1996, S.457ff

[38] Meyer, Willi: Entwicklung und Bedeutung des Property Rights-Ansatzes in der Nationalökonomie, in: Schüller, Alfered: Property Rights und ökonomische Theorie, 1983, S. 23

[39] Vgl. Richter/Furubotn: Neue Institutionenökonomik, 1996, S. 88f

[40] Ebenda

Die Verfügungsrechtsstruktur wurde nach der Revolution im Iran zu erheblichen Lasten des Privateigentums geändert. Dabei entstanden neue Eigentumsverhältnisse, die zum Teil der Verfügungsrechtsstruktur einer Zentralverwaltungswirtschaft ähnelten.
Der islamische Revolutionsführer Ajatollah Khomeini gründete den sogenannten "Revolutionsrat", welcher mehrere Gesetze und Bestimmungen zur Verstaatlichung der wichtigsten Wirtschaftszweige des Landes erließ.[41] So wurden im Juni 1979 zusätzlich zur Erdöl- und Erdgasindustrie die Eisenbahnen, die Elektrizitätswerke und die Stahl-, Kupfer und Aluminiumindustrie vom Revolutionsrat verstaatlicht.[42]

Viele Großunternehmer hatten sich während der Revolutionsmonate bei den Banken in Höhe von insgesamt 10 Mrd.US$ verschuldet, den Betrag ins Ausland transferieren lassen und waren selbst geflohen.[43] Alle Industrieunternehmer, deren Betriebsschulden höher als ihr Vermögen waren, wurden enteignet.[44] Zur Verwaltung der verstaatlichten Unternehmen wurde die "Organisation der nationalen Industrie des Iran" gegründet.

Mit der Ratifizierung der neuen Verfassung im November 1979 gingen auch der Außenhandel, das Bankwesen, das Versicherungswesen, sowie die Luft- und Schiffahrt in Staatseigentum über.[45] Damit übernahm der Staat die Hauptverantwortung für die iranische Wirtschaft.
Der Spielraum der privaten Unternehmungen wurde nach einem weiteren Beschluß des Revolutionsrates weiter eingeschränkt, wonach der Staat das Management solcher Unternehmen, die Vertragspartner eines Ministeriums waren, selbst in die Hand nahm.[46],[47]

---

41 Vgl. Raschidi, Ali: *Tahawolate Eqtezadi Iran dar Doreyeh bad as Enghelab(1357-1361)* [Die Wirtschaftsentwicklung des Iran in der Periode nach der Revolution 1978-1982], in:Etelaat (Wirtschaftsbeilage), *1372* [1993] Nr. 67/68, S. 78f

42 Hierfür wurde "Das Gesetz zum Schutz und zur Entwicklung der iranischen Industrie" vom Revolutiosrat beschlossen. Raschidi,A.,a.a.O.,S.80

43 Raschidi,Ali, a.a.O., S.82

44 Ebenda

45 Vgl. Verfassung der Islamischen Republik Iran, in :Iran und die islamische Republik, Heft Nr.6, 1980,S.59

46 Raschidi, Ali, a.a.O., S.79

47 Die junge islamische Republik Iran verfügte jedoch nicht über genügend islamisch-revolutionär gesinnte Manager. So wurden viele Führungspositionen in den Betrieben von unqualifizierten, revolutionstreuen Kräften besetzt.

Durch Verstaatlichung zahlreicher Unternehmen, die im Industriesektor bis zum 80% der Betriebe umfaßte, wurde der individuelle Anreiz zum effizienten Wirtschaften abgeschafft. Die Tatsache, daß die Produktivität zwischen 1975-90 um 2%.[48] Sank, kann u.a. mit der Veränderung der Verfügungsrechtsstruktur im Iran begründet werden.

4.3.3 Die Bedeutung der religiösen Stiftungen für die ökonomische Entwicklung des Iran

Eine besondere Institution der iranischen Wirtschaft nach der Revolution stellen die religiösen Stiftungen dar.
Um das Vermögen der geflohenen Schahfamilie und ihrer Anhänger im Sinne der islamischen Revolution verwenden zu können, wurden von Ajatollah Khomeini gleich nach der Revolution mehrere religiöse Stiftungen gegründet. Sie entwickelten sich jedoch schon bald zu einem die Wirtschaft dominierenden Machtapparat.[49]
So wurde im März 1979 die "Stiftung der Armen und Entrechteten", *Bonyade Moßtasaffin,* ins Leben gerufen. Sie verfügte und verfügt noch über die gesamten konfiszierten Vermögenswerte der gestürzten Monarchie in Milliardenhöhe.[50] Sie sollte dieses Vermögen zur Verbesserung des Lebensstandards der Armen des Landes einsetzen.[51]
Die "Stiftung der Armen und Entrechteten" besitzt rund 700 Fabriken, Handelshäuser, Baufirmen, landwirtschaftliche Industriebetriebe, Millionen Quadratmeter Land, Schiffahrtsunternehmen, Fluggesellschaft, 70% aller Kinos, Krankenhäuser und die meisten großen Hotels. Das Budget der Stiftung betrug im Jahr 1991 10 Mrd. Dollar. Dies entsprach etwa einem Zehntel des staatlichen Haushaltes.[52] Damit ist die Stiftung der Entrechteten eine der größten Konglomerate der Welt und

---

[48] Karshenas, Masoud, Structural adjustment and the prospects of the Iranian economy, University of London, September 1995, persische Übersetzung, *Tadiel-e Sakhtari wa Tschemandazhay.e Egtezadi Iran*, in: Dschameeh Salem, Azar 1374, Nr.23, S. 38

[49] Vgl. Religiöse und soziale Stiftungen dominieren die Wirtschaft, in: Handelsblatt vom 31.10.92, S.11

[50] Ebenda

[51] Vgl. *Banke Markazi Iran:Baressi Tahawolate Eqtezadi Keschwar bad as Enghelab,1361* [Zentralbank vom Iran: Eine Studie über die Wirtschaftsentwicklung des Landes nach der Revolution,1982], S.269- für die weitere Zitate wird abgekürzt: *Baressi*

[52] Ebenda

das größte Wirtschaftssubjekt im Iran.[53] Sie ist seit einem Beschluß des Revolutionsrates vom Juni 1979 von Steuern befreit.[54]

Die "Märtyrer Stiftung" wurde im März 1980 zur Unterstützung der Angehörigen der getöteten islamischen Revolutionäre, der "Märtyrer", gegründet.[55] Nach dem Ausbruch des Krieges mit dem Irak im September 1980 übernahm diese auch die Betreuung der Kriegsopfer und deren Angehörige. Neben staatlichen Zuschüssen erhielt sie zur Finanzierung ihrer Aktivitäten die Verwaltung eines Teiles der verstaatlichten oder beschlagnahmten Unternehmen.[56]
Die Märtyrer Stiftung besitzt ein Monopol in der pharmazeutischen Industrie und führt eine Kette von zollfreien Geschäften. Sie verfügt über 55 Industriebetriebe, 17 Landwirtschafts- und Tierzuchtbetriebe, 14 Bauunternehmen und 26 Handelsgesellschaften.[57]

Diese Stiftungen erhalten staatliche Subventionen, wie die Befreiung von Steuern oder Devisenzuweisungen mit günstigem Wechselkurs. Dennoch unterliegen sie keiner Kontrolle der Regierung und können nicht in deren Wirtschaftsplanung mit einbezogen werden. Sie sind nur dem Revolutionsführer, Ajatollah Khamenei, selbst rechenschaftspflichtig, allerdings nur wenn er dies verlangt.
Im Winter 1995 wurde der größten Korruptionsfall der Nachkriegsgeschichte des Iran in der Stiftung der Entrechteten aufgedeckt, dessen Drahtzieher der Bruder des Vorsitzenden der Stiftung *Rafighdußt* war.

Die religiösen Stiftungen haben sich im iranischen Wirtschaftssystem zu autonomen, unkontrollierten Subsystemen mit erheblichem politischen Einfluß entwikkelt.[58]

---

53 Keyhan 21. November 1983, zit. Nach: Valibeigi, Mehrdad: Islamization of the economy, the post-revolutionary Iranian experience, Washington 1991, S. 119

54 Raschidi,Ali,a.a.O.,S.78

55 Baressi, S.277

56 Ebenda,S.278

57 .Kooroshy, Javad: Wirtschaftsordnung der islamischen Republik Iran, 1990, S.154

58 Vgl. Religiöse und soziale Stiftungen dominieren die Wirtschaft, in: Handelsblatt vom 31.10.92, S.11

4.3.4 Die Bedeutung der Expansion des Staatssektor für die ökonomische Entwicklung des Iran

Nach der Revolution ist der iranische Staatsapparat im Zuge der Verstaatlichungswelle und der neu gegründeten revolutionären Institutionen drastisch gewachsen. Waren die Staatsdiener 1979 1,2 Millionen, so stiegen sie auf 2,2 im Jahre 1993.[59] Die letzte Angabe enthält jedoch aus Geheimhaltungsgründen nicht die Zahl der Angestellten in dem Ministerium für Staatssicherheit, Verteidigungsministerium und Ölministerium.
Zwischen 1989 und 1993 wuchs die Zahl der Staatsangestellten um 10%. Mit dieser Steigerungsrate und den nicht bekannten Zahlen aus vorgenannten Ministerien konnte die Zahl der Staatsangestellten 1995 auf etwa 3 Millionen angestiegen sein.[60]

Bei einer durchschnittlichen Familiengröße von 5 Personen kann man davon ausgehen, daß 15 Millionen, also 25% der Bevölkerung unmittelbar vom Staat ernährt werden.[61] Damit sind hohe öffentlichen Ausgaben verbunden, die letzten Endes auf Kosten des Privatsektors getragen werden müssen.

Ein anderes Problem des iranischen Staatsapparates, das mittlerweile auch von der Regierung erkannt wird, ist das Vorhandensein verschiedener mit den selben oder ähnlichen Aufgaben beauftragter Ministerien und Institutionen. So gibt es Überschneidungen zwischen dem Agrarministerium und dem nach der Revolution gegründeten Ministerium „Jihad[62] für Aufbau“ [*Jihad-e Sazandeghi*]. Jihad-e Sazandeghi wurde von Ajatollah Khomeini ins Leben gerufen, um unabhängig von der noch aus der Schah Zeit stammenden Bürokratie des Agrarministeriums agrarpolitische Entscheidungen durch eine revolutionäre Institution durchsetzen zu können.[63]
Nach der Revolution sind neue Ministerien entstanden, deren Aufgaben sich mit den von alten Ministerien im beachtlichen Maße überschneiden. Dieses gilt insbesondere für folgende Ministerien und Institutionen :[64]

---

59 Hamshahri vom 1. August 1995, S. 11

60 Ebenda

61 Ebenda

62 Jihad ist ein arabisches Wort und bedeutet „sich anstrengen“. Im Koran wurde es auch für den heiligen Krieg gegen Ungläubige verwendet.

63 s. auch: Schirazi, Asghar: Islamic Development Policy; The Agrarian Questioin in Iran, Colorado 1993, S.148

64 Vgl. *Hamshahri, 6. Tir 1374* [27.06.1995], S. 5

- Agrarministerium, Jihad-e Sazandeghi und Ministerium für Genossenschaft
- Jihad-e Sazandeghi und Verkehrsministerium
- Industrieministerium und Ministerium für Bergbau und Metalle
- Bildungsministerium und Ministerium für Kultur und Hochschulwesen
- „Organisation für Familienhilfe“, „Hilfekomitee von Imam Khomeini“, „Märtyrer Stiftung“, „Stiftung der Entrechteten“, „Stiftung vom 15. Khordad“ und das Rote Kreuz

Durch die hier vorliegenden Zuständigkeitsüberschneidungen entstehen dem Staat erhebliche Kosten, welche die Fehlallokation öffentlicher Ressourcen darstellen.
Der nach der Revolution enorm angewachsene Staatsapparat verbraucht den größten Teil des Staatshaushaltes. 1989 betrugen die laufenden Kosten des Staates, die aus Personalkosten und Instandhaltungskosten öffentlicher Einrichtungen bestehen, 3394,2 Mrd. Rial. Das waren bereits 80,5% des gesamten Staatshaushaltes.[65] Nur 816,4 Mrd. Rial, also 19,4% des Haushaltes, wurden für die Gesamtinvestitionen des öffentlichen Sektors aufgewendet.

Abbildung 4-1: Laufende Ausgaben und Investitionsausgaben

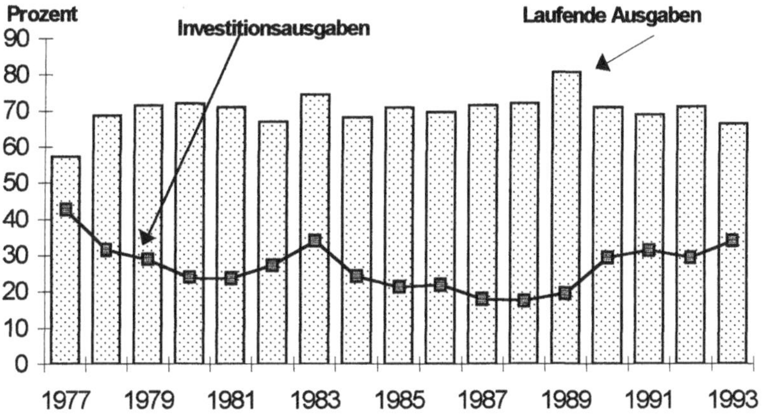

Quelle: Eigendarstellung nach Angaben der Zentralbank des Iran für 1989-93

Die Abbildung 4-1 zeigt die Entwicklung der relativen Zusammensetzung der Staatsausgaben zwischen 1977 und 1993. Tendenziell entwickelte sich die Zusammensetzung der Staatsausgaben im Iran nach der Revolution deutlich zugunsten der laufenden Ausgaben.

---

65 Ebenda

Wurden vor der Revolution 1977 immerhin etwa 43% der Staatsausgaben für Investitionen aufgewendet, so sank dieser Anteil auf nur 17,4% im Jahr 1988. Nach der Revolution gab der Staat sowohl relativ als auch absolut mehr für die Aufrechterhaltung seines Apparates aus.(s. Anhang VII)

Damit wird ersichtlich, daß die Transaktionskosten des Staates seit der Revolution erheblich angestiegen sind, was auf die Effizienzverschlechterung dieser Institution hinweist.
Im Hinblick auf die Schlüsselrolle des Staates im Entwicklungsprozeß ist es notwendig, daß ein effektives Staats- und Verwaltungssystem im Iran entsteht, welches überhaupt eine ernstzunehmende Entwicklungspolitik realisieren läßt.

4.4 Entwicklungsökonomische Bedeutung der Islamisierung von Finanzinstituten im Iran

Ein weit entwickeltes modernes Finanzsystem ist die Voraussetzung für eine wachstumsorientierte Volkswirtschaft. Es mobilisiert die Ersparnisse des Privatsektors und stellt sie in Form von langfristigen Anleihen den Unternehmen für Investitionen zur Verfügung.
Es soll die heimischen Ersparnisse und Investition ermutigen und den Ressourcenfluß in profitable Bereiche lenken. Laut Beobachtungen der Weltbank war der interventionistische Ansatz in den 80'er Jahren für das Finanzsystem der Entwicklungsländer wenig fördernd.[1]

4.4.1 Die Islamisierung des Bankensystems im Iran: Entwicklung und ökonomische Bedeutung

Das Bankensystem erlebte nach der islamischen Revolution grundlegende institutionelle Veränderungen. Sie vollzogen sich zum einen im Bereich der Verfügungsrechte und zum anderen bei der Anwendung der „islamischen Normen" auf die Bank- und Kapitalmarkttransaktionen.

Die Verfügungsrechte im Bankwesen wurden erheblich zugunsten des Staates verändert. Dadurch gingen sämtliche Banken des Landes in den Besitz des Staates über. Auch ausländische Anteile an Banken wurden eingezogen. Zudem vergrößerte sich der Einfluß des Staates in der Zentralbank, so daß die Rolle des Privatsektors sich bei der Gestaltung der Finanzpolitik im Zuge der Revolution auf nahezu Null reduzierte. Diese Veränderung hatte keinesfalls positive Auswirkungen auf die wirtschaftliche Entwicklung des Iran. [2]

Die Finanzinstitute wie Banken und Aktienmärkte wurden nach islamischen Wirtschaftsnormen umstrukturiert. Das bedeutete, daß im ersten und wichtigsten Schritt das zentrale Instrument der Geld- und Bankpolitik, nämlich der Zins, abgeschafft wurde. Der Koran verbietet ausdrücklich *Riba.* Dieser bezieht sich auf

---

[1] Vgl. Weltentwicklungsbericht 1989, Weltbank, zit. nach Finanzierung & Entwicklung, 3/1989, S. 3

[2] Wie aus Erfahrungen anderer Entwicklungsländern nachgewiesen wurde, trägt das Bankensystem zur langfristigen Entwicklung bei, je stärker es sich auf Marktsignale stützt. Hierzu Vgl. Finanzsysteme und Entwicklung, in: Finanzierung & Entwicklung, September 1989, S. 2f

den Zuschlag zum ursprünglichen Kreditbetrag, der nur aufgrund der zeitlichen Kapitalüberlassung gezahlt wird.[3]
An Stelle eines Zinsertrages wurde den Banken gestattet , die Anleger am Gewinn der von ihnen finanzierten Projekte zu beteiligen[4]. Somit wurden Termin- und Spareinlagen in Beteiligungen gewandelt und dafür "Mindestgewinnraten" festgelegt.[5]
Seit dem März 1984 wurde das islamische Bankwesen gesetzlich geregelt (s. Anhang V).[6]
Auch die Zahl der Banken und ihre Filialen wurde stark reduziert. Existierten bis 1979 insgesamt 36 verschiedene Banken, so wurde ihre Anzahl nach der Revolution auf 9 reduziert.[7] Die Anzahl der Bankfilialen sank um ca. 2000. (s. Tabelle 4-1).

Tabelle 4-1: **Die Anzahl der Bankfilialen im Iran 1972-82**

Jahr	*Gesamtfilialen*		*in Teheran*		*im Ausland*	
	Anzahl	Veränderung (%)	Anzahl	Veränderung (%)	Anzahl	Veränderung (%)
1972	6993	---	1881	---	36	--
1978	8274	+18,3	2166	+15,2	76	+111
1982	6581	-20,5	1664	-23,2	58	-23,6

Quelle: Mirdjalili, Seyed Hossin : *Rawand Takwin-e Bankdary-e bedon-e Reba dar Eslam* [Die Entwicklung des zinsfreien Bankwesen im Iran], in: *Rawand*, .Nr.12/13, 1994 Teheran, S.82

Mißt man die entwicklungsökonomische Effizienz des Bankensystems an seiner Rolle bei der Ersparnismobilisierung der Haushalte, die zur Finanzierung der

---

3 Mirakhor,A., Grundlagen und Praxis des islamischen Bankwesens, in: Finanzierung & Entwicklung, September 1986,S.33

4 Ebenda, S.35

5 Vgl.Kooroshy, J., Wirtschaftsordnung der islamischen Republik Iran, 1990, S.212

6 Bei den islamischen Kreditgeschäften unterscheidet man zwischen *Mudarebah* und *Musharakah.* Das *Mudarebah*-Geschäft wird nur zwischen zwei Parteien abgeschlossen. Während eine Partei das Kapital zur Verfügung stellt, versucht die andere eine rentable Investition durchzuführen und den Kapitalgeber am Gewinn zu beteiligen. *Musharakah* ist die Kapitalbeteiligung mehrerer Partner an einer Investition. Hierbei investiert die Bank mit ihren eigenen und den Mitteln der Anleger in Investitionen. Die Beteiligten werden im Verhältnis zu ihren Anteilen am Gewinn beteiligt. Wenn dabei ein Verlust auftritt , wird er von allen Beteiligten gemeinsam getragen. (s. Anhang V und Mirakhor, A., S.33)

7 Mirakhor, A: Grundlagen und Praxis des islamischen Bankwesens, in: Finanzierung & Entwicklung, September 1986, S.35

Investitionen verwendet werden, dann haben die vorgeführten institutionellen Veränderungen die entwicklungsfördernde Rolle des Bankensystem erheblich eingeschränkt.
Der Anteil der kurz- und langfristigen Spareinlagen bei den Banken an der Geldmenge betrug in den letzten drei Jahren vor der Revolution 1975/78 im Durchschnitt 62,4%.[8] Er ist nach dem Ausbruch der Revolution in den 80'er Jahren auf nur 44,1% zurückgegangen.
Nach dem Krieg verbesserte sich der Anteil der Spareinlage noch im Jahre 1988 auf 50,4% und erreichte 1993 seinen Höhepunkt 53,4% in nachrevolutionären Zeit, aber immerhin noch deutlich hinter den vorrevolutionären Werten. Damit wird es deutlich, daß die Veränderung der Verfügungsrechtsstruktur sowie die Islamisierung der Bankgeschäfte das „Vertrauen" der Anleger nicht erhöht hatte. Die staatlichen Banken haben auf die Veränderungen des Marktes nicht angemessen reagiert. So beispielsweise betrug 1995 der Nominalzinssatz[9] für die langfristigen Einlagen 18,5%,[10] während die Inflation in diesem Jahre bei über 50% lag. Somit wurden die Spareinlagen mit negativen Effektivzinsen bestraft!

Nach der Verstaatlichung wurde das System auch erheblich korruptionsanfälliger. In den letzten zwei Jahren wurden mehrere Korruptionsfälle aufgedeckt. So wurde im Januar 1995 eine Unterschlagung bei der wichtigsten Bank des Landes (*Bank-e Saderat*) aufgedeckt, die für die Geschichte der iranischen Banken einmalig war. Dabei wurde eine Summe von 1230 Milliarde Rial (410 Mio. $)[11] unter Mitwirkung des Bruders des Vorsitzenden der „Stiftung der Entrechteten" veruntreut.[12]
Auch der Wertschöpfungsanteil am Dienstleistungssektor der Volkswirtschaft kann als Effizienzindiz heran gezogen werden. Hierbei wird festgestellt, daß der Anteil des Bankwesens an der gesamten Dienstleistung des Landes stark zurückgegangen ist.
Betrug er im Jahr 1978 immer hin 11,9%, so ging er auf nur 1,5% im Jahr 1989 zurück.[13]

---

8 Eigenberechnung nach Angaben der iranischen Zentralbank, in: *Bareßi-e Tahawolat-e Eqtezadi-e Keschwar bad as Engelab* [Eine Studie über der Wirtschaftsentwicklung des Landes nach der Revolution], Teheran 1983, S.653

9 Statt Zinssatz wird im Iran den Begriff „Mindestgewinnbeteiligungsrate" verwendet.

10 *Hamshahri*, 11.08.1995, Nr. 744, S. 5

11 Zu berücksichtigen ist, daß der Gehalt eines Ministers etwa 300 $ beträgt. (Zur Umrechnung des Dollarwertes ist vom offiziellen Wechselkurs $=3000 RI ausgegangen.)

12 s. *Resalat* vom 31.01.95 [*11. Bahman 1373*], S.19

13 Jahresberichte der Zentralbank des Iran

4.4.2 Die Islamisierung des Aktienmarktes im Iran: Entwicklung und ökonomische Bedeutung

Auch die Teheraner Börse, als einziger Aktienmarkt des Iran, wurde durch die neuen institutionellen Veränderungen erheblich beeinträchtigt. Mit der Verstaatlichung der Banken und vieler Industrieunternehmen nach der Revolution kam der Aktienhandel fast zum Erliegen. 1983 wurde der Aktienhandel sogar verboten, da er als „Riba" (Zins) erbringend eingestuft wurde.[14] Damit wurde den Unternehmen ein wichtiges Instrument zur Kapitalbeschaffung entzogen.

1989 wurde die Teheraner Börse im Rahmen der „moderaten" Wirtschaftspolitik des Präsidenten Rafsandschani neu eröffnet. 1991 erlebte die Börse mit dem Angebot der zu reprivatisierenden Betriebe einen neuen Aufschwung. Die Zahl der gehandelten Aktien wuchs in diesem Jahr von 13000 auf 63000 um 370%.[15] Der Umsatz stieg sogar um 635%.[16]
Obwohl der Wertpapiermarkt zur Finanzierung der öffentlichen Investitionen herangezogen werden kann, wurde die Emission von Bundesanleihen nach der Revolution erheblich eingeschränkt, da es religiöse Streitigkeit bezüglich der Legitimität solcher Wertpapiere gab.
Eine Liberalisierung und Aufgabe der strengen Orthodoxie konnte verzeichnet werden, als das Amt für Stadtverwaltung von Teheran unter der Führung des liberalen Bürgermeisters Karbaßtschi zur Finanzierung großer Bau- und Verkehrsprojekte 1994 in Teheran eigenständig Anleihen emittierte.[17]
Die Teheraner Börse verzeichnete seit ihrer Reaktivierung im Jahre 1989 einen deutlichen Zuwachs, jedoch stellt der Summenwert der gehandelten Aktien nur einen sehr geringen Anteil der sich im Privatsektor befindlichen Geldmenge dar. So betrug zum Beispiel der Gesamtwert der gehandelten Aktien im Jahr 1990 ca. 65

---

14 Zareyi, Mohamad Reza, *Burss-e Oraghe Bahadar wa Tscheschm andaz-e an* [Wertpapierbörse und ihre Perspektiven], in: Rawand, Nr. 3, Winter 1990 [*1369*], S. 79

15 Adelli,Mohamad Hossin:*Tahawolat-e Eqtezadi seh Saal 1368-1370* [Wirtschaftsentwicklung in den drei Jahren 1989-91],in: Gosstaresche Sanate Sangin, 1372[1993], Nr.162, S.8

16 Bolurian Tehrani, M.: *Negahi be Burss-e Oragh-e Bahadar dar Iran* [Ein Blick auf die Wertpapierbörse im Iran], in: Monthly Business Surveys, July 1995, Nr. 98, S. 51

17 Das große Projekt, das als Nawab Autobahn bekannt ist, umfaßte einen großen Schnellweg rum um Teheran mit zahlreichen Geschäfts- und Einkaufzentren.

Mrd. Rial, was 0,3 Prozent der Geldmenge des Privatsektors entsprach.[18] Er stieg 1991, dem Boomjahr der Teheraner Börse, auf 0,5 Prozent an.[19]
Aus einem von „International Finance Corporation“ empirisch durchgeführte Untersuchung über 38 Länder in der Zeitspanne zwischen 1976 und 1993 geht hervor, daß es zwischen der Wachstumsrate des BSPs und der Liquidität der Aktienmärkte eine starke Korrelation besteht.[20] Je höher das Verhältnis des Handelsumsatzes am Aktienmarkt zum BSP, desto größer ist das jährliche Wachstum des Pro-Kopf-Einkommens.[21]
Trotz relativer Erfolge der Teheraner Börse müßte noch mehr für die Institutionalisierung und Verbreitung der Wertpapiermärkte im Iran unternommen werden. Das wird aus einem Vergleich mit den Ländern Pakistan und Südkorea deutlich. Der durchschnittliche Summenwert aller im Umlauf befindlichen Aktien in Südkorea und Pakistan entspricht 19% bzw. 5% des Bruttosozialproduktes ihrer Länder.[22] Dieser Wert beträgt jedoch im Iran weniger als 1%.

Zu den Problemen der Teheraner Börse gehört die geringe Anzahl von handelbaren Finanzprodukten. Aufgrund religiöser Empfindlichkeit wurden die neuen Finanzderivate wie Optionen im Iran nicht eingeführt. Solche Wertpapiere sind grundsätzlich verboten, wenn daraus „Riba“ (Kapitalzins) entstehen könnte. Deshalb kann der Wertpapiermarkt unter den geltenden institutionellen Bedingungen keinen Umbruch erleben und keinen entscheidenden Entwicklungsbeitrag leisten.

Zusammenfassung

Die postrevolutionäre Wirtschaftsentwicklung des Iran ist gekennzeichnet von tiefgreifenden institutionellen Veränderungen, welche die Möglichkeit ökonomischer Transaktionen überhaupt hemmen. Die Institutionenökonomik diente dazu, solche Veränderungen auf der metaökonomischen Ebene zu erfassen und deren Rolle bei der ökonomischen Entwicklung zu analysieren. Der

---

18 *Bank Markazi Iran:Gosaresche Eqtezadi 1369* [Zentralbank vom Iran:Wirtschaftsbericht 1990], S.126

19 Ebenda

20 s. Levine, Ross: Aktienmärkte; Ein Motor für das Wirtschaftswachstum, in: Finanzierung & Entwicklung, März 1996, S. 8

21 Levis, Ross, a.a.O., S. 7

22 Bolurian, M.: *Negahi be Burss-e Oragh-e Bahadar dar Iran* [Ein Blick auf die Wertpapierbörse im Iran], in: Monthly Business Surveys, July 1995, Nr. 98 S. 53

Staatsapparat steht im Spannungsfeld mehrerer politischer Institutionen, wodurch seine Handlungsfähigkeit stark eingeschränkt wird. Die Verfügungsrechtsstruktur wurde erheblichen zu Lasten des Privateigentums geändert. Die religiösen Stiftungen- die nach der Revolution ursprünglich zu paritätischen Zwecken gegründet- spielen heute eine erhebliche Rolle in der iranischen Wirtschaft. Sie entwickelten sich zu autonomen, unkontrollierten Subsystemen innerhalb der Volkswirtschaft, die über beträchtlichen politischen Einfluß verfügen. Die Islamisierung der Finanzinstitute wirkte hemmend sowohl auf das Bankwesen wie auch auf die Teheraner Börse. Dadurch wurde die Mobilität des Geld- und Kapitalmarktes erheblich eingeschränkt.

Im folgenden Abschnitt wird, ausgehend von den beschrieben institutionellen Veränderungen im Iran, die Wirtschaftspolitik von Staatspräsident Rafsandschani analysiert und deren Chancen und Gefahren aufgezeigt.

4.5 Wirtschaftsreform des Staatspräsidenten Rafsandschani

Die Beendigung des achtjährigen Iran-Irak Krieges und der Beginn des Wirtschaftsprogramms von Präsidenten Rafsandschani erweckte 1989 beim iranischen Volk die große Hoffnung, daß die bis dahin nicht erfüllten ökonomischen Ziele der Revolution nun realisiert werden könnten. Sieben Jahre nach in Kraft treten des vorgenannten Programms kann heute keine grundlegende Besserung der Wirtschaftslage festgestellt werden. Zwar wurden in den ersten drei Jahren 1989-92 hervorragende Ergebnisse erzielt. Sie könnten jedoch nicht beibehalten werden.
In diesem Abschnitt soll nach einer zusammengefaßten Darstellung dieses Wirtschaftsprogramms die Gründe erforscht werden, woran es gescheitert ist. Es soll auch untersucht werden, in wie weit die aus der islamischen Revolution hervorgegangenen institutionellen Gegebenheiten dabei eine Rolle spielten.

4.5.1 Die Bedeutung, Richtlinien und Ziele der Wirtschaftsreform

Im Jahr 1988 befand sich die iranische Volkswirtschaft in ihrer schwersten Krise seit Bestehen der islamischen Republik. Die ab 1985 einsetzende Rezession hatte 1988 ihren Tiefpunkt. Das Bruttoinlandsprodukt, das ab 1985 stetig gesunken war, schrumpfte weiter um 5,7 Prozent[1]. Im Jahr 1986 sank es sogar um 11,9%.
Die industrielle Produktion ging in den Großbetrieben um 7,2 % zurück.[2] Im Jahr davor war sie um 6,4 % geschrumpft. Die Bruttoinvestitionen betrugen nur 10,8% des Bruttoinlandsproduktes und damit waren sie geringer als die Abschreibungsrate.[3] Das Budgetdefizit der Regierung stieg um 44,7 % und war damit zum ersten Mal höher als die Staatseinnahmen.[4]
Der achtjährige Iran-Irak Krieg hatte knapp 400 Milliarden $ verzehrt[5]. Dies überschritt die gesamten iranischen Erdöleinnahmen zuzüglich der gesamten

---

1 *Bank Markazi Iran:Gosaresche Eqtezadi wa Tarasnameh Saal,1367* [Zentralbank vom Iran: Wirtschaftsbericht und Bilanz des Jahres, 1988], S. 32

2 Ebenda, S.34

3 Ebenda

4 Zentralbank des Iran *:Gosaresche Eqtezadi wa Tarasnameh Saal,1367* [Zentralbank vom Iran: Wirtschaftsbericht und Bilanz des Jahres, 1988], S.28

5 IRAN/...,in: Handelsblatt vom 4.11.1988

Bruttoinvestitionen während der letzten 30 Jahren (1959-1988) vor dem Kriegsende.[6] Genauso verheerend war die nur an kurzfristigen Notwendigkeiten orientiere Wirtschaftspolitik, die während der Kriegsjahre praktiziert wurde.
Angesichts des wirtschaftlichen Tiefpunktes und unter dem Druck der Aufgabe des Wiederaufbaus nach dem Krieg leitete 1989 Rafsandschani seinen Fünfjahresplan (*Tadiel-e Eghtezadi*) ein, der zum ersten Mal seit der islamischen Revolution die Wirtschafts- und Entwicklungsleitlinien festlegte.
Neben recht hochgesteckten Zielen enthielt der Plan eine Fülle von Maßnahmen und Absichtserklärungen, welche die staatliche Regulierungen abbauen und die Marktmechanismen fördern sollten.
Die wichtigsten Elemente des Wirtschaftsprogramms waren die Liberalisierung des Wechselkurssystems, die Aufhebung der Import- und Exporteinschränkungen[7], Wiedereröffnung der Börse in Teheran, sowie der Abbau der Subventionen und damit die Anpassung der Preise an die realen Marktbedingungen. Zudem wurde die Reprivatisierung der staatlichen Betrieben[8] und die Aufnahme ausländischer Finanzhilfe[9] vorgesehen.

Seit 1989 näherte sich der Iran der Weltbank und dem IWF, zu denen er nach der Revolution keine engere Beziehung unterhalten hatte. 1990 reiste eine Delegation der Weltbank nach Teheran, um über die Vergabe von Krediten mit dem Iran zu verhandeln.[10]
Die Aufgabe des multiplen Wechselkurssystems war der wichtigste Teil des Programms, welcher in diesem Abschnitt noch behandelt wird.
Zur weiteren Liberalisierung der Wirtschaft wurden das Importverbot für eine Reihe von Gütern aufgehoben und die Einfuhrmodalitäten erheblich erleichtert. Während der Import von Gütern mit der „competetive rate" weiter genehmigungspflichtig blieb, durften die Importeure von nun an uneingeschränkt Waren mit der „floating-rate" einführen.
Ferner wurde die Zahl der Güter reduziert, die unter einem Exportverbot standen. 1990 wurde zudem der Devisenvertrag abgeschafft, mit dem die Exporteure sich verpflichteten, ihre Deviseneinnahmen zum offiziellen Wechselkurs beim Staat umzutauschen.

---

6 Hagdju, Nasser,in: Iran-e Farda,1372[1993], Nr.8,S.23

7 Vgl. bfai: Iran am Jahreswechsel 1991/92, S2

8 Ehrgeiziges Wachstumsziel, in: Handelsblatt vom 7.Feb.1990

9 Petrossian,V.:Surviving without the Imam, in: MEED, 2 March 1990,S.III

10 Balghi-Mobayen, M.,: Die wirtschaftliche Entwicklung des Iran seit dem zweiten Weltkrieg unter dem Gesichtspunkt der außenwirtschaftlichen Verflechtungen, 1992, S.307

1990 wurde die Zahl der Güter, deren Preise von der Regierung vorgegeben wurden, von 296 auf 22 gesenkt.[11] Um die Preise den realen Marktbedingungen anzupassen, wurden die bis dahin subventionierten Preise für staatliche Dienstleistungen wie Post und Kommunikation, Strom, Wasser und Verkehr erhöht. 1993 wurde die schwerfällige „Organisation für Beschaffung und Distribution" aufgelöst, die das Monopol im Importhandel hielt.

Zu den Richtlinien des neuen Programms zählte auch eine schrittweise Öffnung der Volkswirtschaft für westliche Investoren. Dafür sah das Programm die Einrichtung und Ausbau von freien Handelszonen vor, in denen die ausländischen Investitionen gefördert werden konnten.

Die Regierung nahm 1991 eine vorsichtige Liberalisierung der Geld- und Kreditpolitik vor. So wurden die Nominalzinsen für die Einlagen erhöht, auch wenn das unter Bezeichnung der Erhöhung der „Gewinnbeteiligungsrate" durchgeführt wurde. Anfang 1994 schloß die Regierung die Zulassung von privaten Kreditinstitutionen nicht mehr aus.[12]
Auch die Staatsdefizite sollten während des Wirtschaftsplanes erheblich gedrosselt und die Inflation auf eine einstellige Zahl reduziert werden.
Der erste fünfjährige Entwicklungsplan beabsichtigte die in den Kriegsjahren stark zurückgegangene Leistung der Volkswirtschaft durch eine höhere Zuwachsrate zu kompensieren. Hierfür sollte die Volkswirtschaft jährlich um 8,1% anwachsen.[13]

4.5.2 Die Praxis der Wirtschaftsreform

Der durchschnittliche Zuwachs des BSP für die ganze Periode betrug tatsächlich 7,2%. Das war weniger als im Plan vorgesehen. Dies wurde jedoch im Vergleich zu der Zeit vor dem Planbeginn, in der das BSP stets zurückgegangen war, positiv bewertet.
Die Entwicklung des Bruttosozialproduktes während dieser Periode 1989-93 deutet drauf hin, daß das BSP kein stetiges Wachstum aufweisen konnte. Aus

---

[11] Nowshirwani, Vahid: The Fate of the Structural Adjustment Program, in: Iran Nameh, Nos. 1-2, 1994, S. 54

[12] Vgl. Nowshirwani, Vahid: The Fate of the Structural Adjustment Program, in: Iran Nameh, Nos. 1-2, 1994, S. 54

[13] Iran/ Ehrgeiziges Wachstumsziel, in: Handelsblatt vom 7. Feb. 1990

Abbildung 4-2 wird deutlich, daß das BSP in dieser Periode einer wellenförmigen Entwicklung unterlag.
Der Höhepunkt der Welle wurde 1990 erreicht, als der zweite Golfkrieg verlief und dadurch der Erdölpreis mit 20,5 US$[14] sehr hoch war. Die hohe Zuwachsrate war also primär auf die gestiegenen Erdöleinnahmen zurückzuführen.
Damit wird deutlich, daß es dem Wirtschaftsprogramm nicht gelang, das strukturelle Wirtschaftsproblem des Iran, nämlich die hohe Abhängigkeit der Volkswirtschaft vom Erdölsektor, zu milderen.

Abbildung 4-2: Die Entwicklung des BSP während des ersten fünfjährigen Entwicklungsplans 1989-93

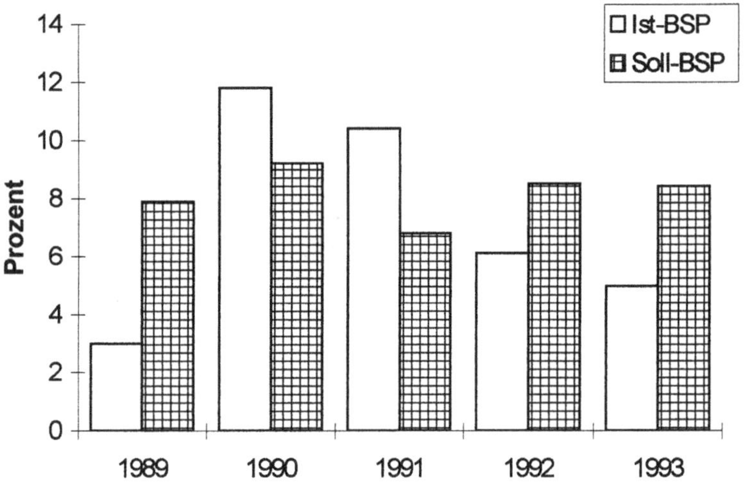

Quelle: Eigene Darstellung nach Angaben der iranischen Zentralbank, verschiedene Jahresberichte

Ein anderer Bestimmungsfaktor für den Wirtschaftsboom 1990-91 war der Kapitaltransfer aus dem Ausland. Dieser wurde vor allem dadurch möglich, daß mit dem Beginn von Rafsandschanis Wirtschaftsplan der Iran ein gewisses Vertrauen bei den internationalen Finanzinstitutionen gewonnen hatte. Neben der Weltbank gewährten auch europäische Banken dem Iran großzügige Kredite,

---

14 Zentralbank vom Iran: *Gosaresche Eqtezadi wa Tarase Saal 1370* [Wirtschaftsbericht und die Bilanz des Jahres, 1991]

womit u.a. 1991 das höchste Importvolumen seit der Revolution vom 25 Mrd.$ finanziert wurde.[15] 1992 betrugen die Auslandsschulden des Iran etwa 30 Mrd.$.[16]

Es gelang nicht, eine Wachstumsrate zu erzielen, wie sie im Plan vorgesehen waren. Aus dem Vergleich zwischen der tatsächlich erreichten Wachstumsrate einzelner Jahre mit den entsprechenden Planwerten wird ersichtlich, daß der Plan in Einzelheiten nicht eingehalten wurde. Im ersten Jahr blieb der Ist-Wert mit 3,0% weit hinter den im Plan vorgesehenen 7,9% (s. Abbildung 4-3). Auch in den Jahren 1992/93 waren die Ist-Werte erheblich geringer als Soll-Werte.

Im Gegensatz dazu überschritten die Ist-Werte in den Jahren 1990 und 1991 die Soll-Werte um 2,6% bzw. 3,6%. Solche beachtlichen Abweichungen deuten darauf hin, daß bei der Wirtschaftsplanung die Wachstumspotentiale der Volkswirtschaft nicht realistisch eingeschätzt wurden.

Abbildung 4-3: Vergleich zwischen Plan- und Ist-Zuwachsrate des BSP im ersten Entwicklungsplan des Iran 1989-93

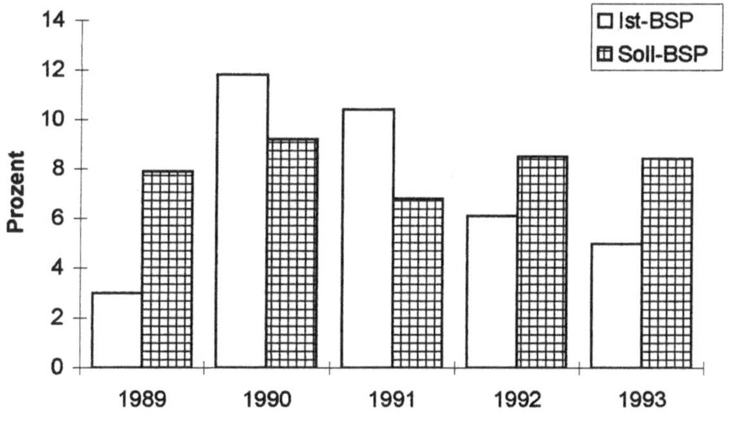

Quelle: Eigene Darstellung, nach Angaben von Amirahmadi, H., 1994, S.44

15 Zentral Bank vom Iran: *Kholaße-h tahawolat-e eghtezadi-e keschwar 1372* [Eine Zusammenfassung der wirtschaflichen Entwicklung des Landes 1993], S. 62

16 Dori Najafabadi (Ex-Vorsitzender des Haushaltsausschusses des islamischen Parlements) in: MEED, 5. Feb. 1993

Ferner wird deutlich, daß es in der „Aufbauphase der Revolution“, wie der Entwicklungsplan offiziell bezeichnet wurde, nicht gelungen war, einen entscheidenden Schritt zur Überwindung strukturellen Abhängigkeit vom Erdölexport zu unternehmen.
In dieser Periode konnten die anderen wirtschaftspolitischen Ziele ebenfalls nicht erreicht werden. Während im Plan eine Senkung der Inflationsrate auf 8,9% am Plansende 1993 vorgesehen wurde, betrug die tatsächliche Inflation in diesem Jahr 23%.[17]
Das Haushaltsdefizit wurde formal erheblich verringert, was jedoch nur auf einem buchhalterischen Trick beruhte. Der Staat berücksichtigte nicht in der Haushaltsbilanz die Bilanzsalden seiner Unternehmen. Folglich wurden die Forderungen der Banken in Höhe von 7276 Mrd. RI gegenüber den staatlichen Unternehmen, die viermal so hoch wie das offizielle Staatsdefizit waren, nicht als Staatsschulden aufgeführt.[18]

Durch den Verkauf von Devisen zum freien Wechselkurs auf dem inoffiziellen Devisenmarkt hat der Staat ein Teil seines Defizits versteckt. 1992 wurden 41% der Staatseinnahmen so geschaffen.[19]
Der Anteil der Investitionen am BSP sollten nach dem Plan durchschnittlich um 19,7% anwachsen. In den ersten vier Jahren des Plans wurde allerdings ein Zuwachs vom 10,6% erreicht. Im Iran wird jährlich etwa 10% bis 12% des BSP für die Abschreibung alter Investitionen aufgewendet. So wird verständlich, daß die Nettoinvestitionen in dieser Periode u.U. sogar negativ gewesen sind.[20]

Die im Plan zu optimistisch eingeschätzten ausländischen Direktinvestitionen in Höhe von 15 Mrd. $ blieben vollkommen aus. Zwar wurden Freihandelszonen im Iran eingerichtet. Es gelang jedoch nicht ausländische Investitionen anzuziehen.

---

17 Zentralbank vom Iran: *Kholaße-h tahawolat-e eghtezadi-e keschwar 1372* [Eine Zusammenfassung wirtschaflicher Entwicklung des Landes 1993], S. 23

18 Nowshirwani, Vahid: The Fate of the Structural Adjustment Program, in: Iran Nameh, Nos. 1-2, Bethesda (USA) 1994, S. 68

19 Amirahmadi, H.: An Evaluation of Iran's First Development Plan and Challenges facing the Second Plan, in: Iran Nameh, No. 1-2, Bethesda (USA) 1994, S. 20

20 Ebenda

4.5.2.1 Freihandelszonen im Iran

Im Rahmen des ersten Entwicklungsplanes des Iran wurden 1989 die Inseln des persischen Golfes Kisch und Geschm für Freihandelszonen geklärt. Ihnen ordnete die Regierung im Juni 1991 den am Meer von Oman, östlich vom persischen Golf, liegenden Hafen Tschah Bahar zu. Ziele dieser Politik waren: der Transfer ausländischer Technologie und ausländischen Kapitals, Exportförderung, Erhöhung des Beschäftigungsniveaus und eine Förderung der regionalen Entwicklung.[21]
Tschah Bahar hat etwa 300 km Wassergrenze und liegt an einem Kreuzungspunkt des Schiffsverkehrs des Meeres von Oman und dem persischen Golf.

Die Wüsteninsel Kisch wurde schon unter dem Schah 1970 zur Touristenattraktion für die Golfanrainerstaaten. Mit aufwendigen Investitionen errichtete man Golfplätze und komfortable Hotels sowie Spielhallen. Nach der Revolution wurde die für die Insel zuständige Organisation[22] aufgelöst und das Projekt als Zeichen für den „moralischen Verfall" des Schah Regimes verachtet.

Die Insel Geschm liegt an der Mündung der Straße von Hormuz im persischen Golf und ihre Fläche beträgt 1500 qkm. Bereits unter dem Schah diente die Insel als Einfuhrort für aus Kuwait und Dubai importierte Konfektion und elektrischen Geräten.
Die Freihandelszonen sind seit den 70'er Jahren als effektives Instrument für die ökonomische Entwicklung der Schwellenländer Ostasiens wie Singapur, Hong Kong, Taiwan und Südkorea bekannt.[23] Diese Regionen haben zum Anlocken von ausländischen Kapital und zum Aufbau der Exportwirtschaft der asiatischen Tiger einen entscheidenden Beitrag geleistet. Die freien Handelszonen sollten im Iran ähnliche Ergebnisse liefern.

Eine solche Entwicklung ist im Iran jedoch nicht eingetreten. Das ausländische Kapital, das für den wirtschaftlichen Aufschwung solcher Regionen der entscheidende Faktor ist, konnte nicht absorbiert werden. Die erhofften Devisen- und Beschäftigungseffekte blieben aus. Bis April 1995 ist es nur gelungen ein

---

21 Rahimi, Abas: *baressi-e sachtar-e hemayat dar siastathay-e basargani-e Iran* [Analyse der Strukturprotektion im iranischen Außenhandel], in: Business Studies, Teheran Feb.1995, Nr. 93, S.21

22 *Sazman-e Omran-e Kisch*

23 Vgl. Mohamdai Almuti, M.: *Tschaschm andaz-e Manategh-e azad dar Iran* [Die Perspektiven für die freien Handelszonen im Iran], in: Business Surveys, October 1994, Nr. 89, S.32

einziges westliches Unternehmen für die Freihandelszone Kisch zu gewinnen. Die schwedische Firma Erikson baut im Auftrag der Regierung ein Mobiltelefonssystem und hat bis dahin 1000 Mobiltelefone bereitgestellt.[24]

Zwei Gründe waren bei der Analyse der Mißerfolge der iranischen Freihandelszonen für ausschlaggebend erachtet: a) die institutionellen rechtlich-politischen Rahmenbedingungen b) Wirtschaflichkeitsgründe

a) Die rechtlich-politschen Rahmenbedingungen stellen die wichtigsten Entscheidungskriterien ausländischer Investoren dar. Das „Gesetz über freie Handels- und Industriezonen", das gewisse Begünstigungen für ausländische Investoren wie Befreiung von Einkommens- und Vermögenssteuer für 15 Jahre vorsah,[25] wurde zwar im September 1993 von der Regierung beschlossen, jedoch nicht umgesetzt, da die Regierung sich diesbezüglich keinen politischen Streit mit ihren muslimisch-konservativen Gegnern leisten konnte.

Ausländische Beteiligungen werden immer noch nicht von allen politischen Kräften des Landes positiv angesehen. Radikale Gruppen sehen ausländischen Investitionen als eine Falle der Abhängigkeit und Verletzung der politischen und ökonomischen Souveränität des Landes an.[26]
b) Wirtschaftlichkeitsgründe: Aus einer Kosten-Nutzen-Analyse geht hervor, daß die Insel Kisch keine komparativen Kostenvorteile gegenüber anderen vergleichbaren asiatischen Freihandelszonen aufweist.

Beträgt der Mietpreis für eine geschäftliche Quadratfläche in Dubai $1,65 und in der Türkei $2, so kostet das in Kisch $4,7.[27] Die Schaffung jedes Arbeitsplatzes kostet auf Kisch 3 bis 7-fache der internationalen Normen.[28] Auch die Löhne in Kisch sind höher als in Indien, Indonesien, Sri Lanka und auf den Philippinen.[29] Somit übersteigen die Kosten bei weitem den Nutzen.

---

24 San'at-e Haml-o Naghl, Nr. 136-137, Farwardin 1374 [April 1995], S. 23

25 § 13 des Gesetz über freie Handels- und Industriezonen des Iran, beschlossen im September 1993

26 Vgl. *Manategh-e Asad, Saal-e no wa Niazhay-e no* [Freie Zonen, Neues Jahr und die neue Bedürfnisse], in: Manategh-e Azad, Farwardin 1374 [April 1995], Nr. 50, S.9

27 Vgl. Mohamdai Almuti, M.: *Tschaschm andaz-e Manategh-e azad dar Iran* [Die Perspektiven für die Freihandelszonen im Iran], a.a.O, S.42

28 Ebenda

29 Ebenda

Die iranischen Freihandelszonen sind der starken Konkurrenz der erfolgreichen Freizone in Jebel Ali in Dubai ausgesetzt. Dieser seit 1985 bestehende Freihafen ist zur einem der größten Häfen der Welt mit 67 Kais und 15 km Verladerampe ausgebaut worden.[30] 625 Unternehmen aus 59 Ländern haben bis zum September 1994 dort 2 Mrd. DM investiert.[31]

4.5.2.2 Währungsreform

Die Währungsreform stellte den wichtigsten Teil des Rafsandschani Wirtschaftsplans dar. Er hatte weitreichende Konsequenzen für die Allokations-, und Außenwirtschaftspolitik. Die praktizierte Währungsreform ist ein typisches Beispiel für die gegenwärtige entwicklungsökonomische Probleme des Iran. Hierbei führte eine Liberalisierung der Wirtschaftspolitik nicht zur Freisetzung der entwicklungsfördernden Marktkräfte und damit zum keinen Erfolg, da die institutionellen Bedingungen, die als Grundannahmen in dem Analysemodell fungieren, nicht existieren.[32] [33] An dieser Stelle soll die eingeleitete Wirtschaftsreform vor dem Hintergrund einer institutionenökonomischen Sichtweise, welche versucht auch die außermarktlichen Faktoren in der Analyse einzubeziehen, am Beispiel der Währungspolitik durchleuchtet werden.

Seit der Revolution stieg die Diskrepanz zwischen offiziellem Wechselkurs und realem Wechselkurs auf dem Markt so, daß Gleich nach der Revolution das „Floating-System" aufgegeben und das System der multiplen Wechselkurse von der iranischen Zentralbank eingeführt wurde.

Nach dem Kriegsausbruch 1980 wurde der Verkauf von Devisen an den Privatsektor von der Zentralbank stark eingeschränkt und eine strenge

---

30 *Manategh-e Azad, Tscheschm andaz-e Ayandeh wa tarh-e Didgahhay-e tazeh* [Freie Zonen, Zukunftsperpektiven und neue Ansichten], in: Manategh-e Azad, Esfand 1373 [March 1995], Nr.49, S.7

31 Dresdner Bank, Außenhandelsnachrichten, Nr. 9 Sep. 1994

32 Ötsch, Walter: Die Herausforderung des Konstruktivismus für die ökonomische Theorie, in: Priddat, Birger P./Wegner G. (Hrsg.): Zwischen Evolution und Institution, Neue Ansätze in der ökonomischen Theorie, Marburg 1996, S.35ff

33 Zu solchen Bedingungen, die an den Markt gekoppelt sind, gehören das „rationale" Verhalten der Marktakteure, vollständige Konkurrenz und symmetrische Informationsverteilung.

Devisenbewirtschaftung eingeführt.[34] Die politisch bedingte Kapitalflucht stärkte schon ab 1980 die Nachfrage nach ausländischen Devisen. Das führte zum stetigen Anstieg des Wechselkurses auf dem aufkommenden Schwarzmarkt. Betrug der Wert eines US-Dollar zwischen 1976 und 1980 etwa 70 Rial, so stieg er 1981 auf 150 Rial und im Folgejahr auf 250 Rial an.[35] Der Wechselkurs des US-Dollars stieg schon 1984 auf 550 Rial.[36] Damit verlor die iranische Währung zwischen 1980 und 1984 etwa 786% gegenüber dem US-Dollar an Wert.

Trotz sinkenden Erdölexports und sinkender Erdölpreise im Vergleich zu den 70'er Jahren, wurde in den Kriegsjahren 1980-88 dennoch etwa ein Drittel der Deviseneinnahmen für die Rüstung ausgegeben.[37] Da Devisen gleichzeitig dringend für die Einfuhr von Lebensmitteln und Halbprodukten der Industrie benötigt wurden, entstand ein hoher Nachfrageüberschuß auf dem Devisenmarkt.
1989 wurde das multiple Wechselkurssystem in drei Kurse aufgeteilt. Die Zentralbank verkündete neben der "official rate" auch die "preferative-competetive rate" und die "floating-rate". Die "preferative-competetive rate" wurde zu einem etwa 60% günstigeren Wechselkurs dem Indusriesektor zur Verfügung gestellt, um durch die Einfuhr industrieller Rohstoffe und Ersatzteile eine höhere Kapazitätsauslastung zu erreichen.[38] [39]

Die staatliche iranische Industrie wurde in der ersten Revolutionsdekade reichlich mit subventionierten Devisen in der Form der „official rate" mit sehr geringem Wechselkurs bedient. Neben einer Preisverzerrung[40] für Industrieprodukte wurden

---

34 Vgl.Kooroshy,J.,a.a.O.,S.210

35 Lautenschlager,Wolfgang: The effect of an overvalued exchange rate on the iranian economy, in: International Journal of Middle East Studies,1986, Nr.18,S.33

36 Ebenda

37 Handelsblatt vom 10. Okt.1989

38 Vgl. *Bank Markazi Iran:Gosaresche Eqtezadi 1368* [Zentralbank vom Iran: Wirtschaftsbericht 1989], S. 29

39 Die "floating-rate" war etwa 10%-20% günstiger als der Wechselkurs auf dem freien Markt und sollte den privaten Importeuren zu Gute kommen. Im Jahre 1991 wurden etwa 30% der importierten Waren über die "official rate" (RI 70:US$ 1), 50% über die "competetive rate" (RI 600:US$ 1) und 20% über die "floating-rate" (RI 1435:US$ 1) abgerechnet (bfai: Iran am Jahreswechsel 1991/92, S.4, Wechselkursbeträge aus: IHK zu Teheran: Tips aus Teheran, 11/12 1992, S.16)

40 Für die Auswirkungen des multiplen Wechselkurssystem sehe El-Erian: Multiple Wechselkurse, Die Erfahrung arabischer Länder, in: Finanzierung & Entwicklung,

die Devisen gleichzeitig dem Privatsektor entzogen, der wettbewerbsorientiert produziert.
Das multiple Wechselkurssystem hat die Arbitragegeschäfte gefördert und zum Teil den Transfer des Kapitals in den spekulativen Bereich bewirkt. Es führte auch dazu, daß für Importe überhöhten Rechnungen ausgestellt und Exporte unterfaktoriert wurden. Dies trug zur Erosion der Währungsreserven bei.

Um das multiple Wechselkurssystem und die Devisenbewirtschaftungspolitik durchführen zu können, war ein aufwendiges System von administrativen Kontrollen notwendig, welches die Ressourcen des öffentlichen Sektors zusätzlich belastete und damit hohe Transaktionskosten darstellte.

Im März 1993 wurden im Rahmen der vom Staatspräsidenten Rafsandschani eingeleiteten Wirtschaftsreform, *Tadiel-e Eqtezadi,* die bis dahin geltenden Wechselkurse durch einen einheitlichen Wechselkurs (RI 1542:1 US$) ersetzt.[41]
Die einheitliche "floating-rate" sollte den Mißbrauch der staatlichen Unternehmen mit subventionierten Wechselkursen beenden und den Wettbewerb fördern.[42] Ferner sollte der Staatshaushalt weniger belastet werden.[43] Durch die Abwertung des Rial sollte mehr Auslandsnachfrage für den iranischen Nicht-Erdölexport geschaffen werden.
Das einheitliche Wechselkurssystem konnte jedoch nur ein halbes Jahr beibehalten werden und danach wurde wieder das System der multiplen Wechselkurse eingeführt. Ausschlaggebend dafür war die Tatsache, daß die Differenz zwischen dem Schwarzmarktkurs und dem von der Zentralbank festgelegten Wechselkurs so groß wurde, daß der einheitlicher Wechselkurs überhaupt nicht existierte.[44]
Interventionen der Zentralbank, wie die Zuteilung von 5000 $ per Reisepaß im Sommer 1993, konnten die Abweichung des „freien" Kurses nicht stoppen. Bald mußte die Zentralbank die genehmigungsfreien Dollarzuteilung aufgeben, da sie der unerwartet großen Nachfrage nicht nachkommen konnte.

Dezember 1994, S. 29, und Lizondo, J.S.: Multiple Wechselkurse, in: Finanzierung & Entwicklung, Dezember 1995, S. 23

41 IHK zu Teheran:Tips aus Teheran, 3/4 1993, S.4

42 Vgl. bfai: Iran am Jahreswechsel 1991/92,S.4

43 Vgl. Raschidi,A.,u.a.: *gharar ast dar eqtezad Iran Etefaghi beyoftad* [Was wird in der iranischen Wirtschaft geschehen], in: Djameeh Salem,1371, Nr.7, S.22ff

44 Zentralbank der islamischen Republik Iran: *Cholasseh Tahawolat-e Eghtezadi-e Keschwar 1372* [Eine Zusammenfassung über die Wirtschaftsentwicklung des Landes 1993], S. 20

Spekulationsbanden organisierten Scheindevisennachfrager in die Schlangen vor den Banken, um die Wechselkursarbitrage von 50 Rial pro Dollar (250000 Rial pro angeblich Reisendem) zu gewinnen.
Je größer die Differenz zwischen dem „floating-rate" der Zentralbank und dem freien Wechselkurs des Schwarzmarktes wurde, desto stärker wurden die Interventionen des Staats. Devisen zur „floating-rate" der Zentralbank wurden nur mit Genehmigung der Behörden zugeteilt. Im Februar 1995 wurde bereits der freie Wechselkurs 253% teurer als die „floating-rate" der Zentralbank.[45]
Durch die im Mai 1995 verhängte Wirtschaftsblockade der USA gegen den Iran erhielt die spekulative Nachfrage nach Devisen einen neuen Schub. Allein in der ersten Woche nach der Verkündung der Blockade stieg der Dollarkurs auf etwa 7000 Rial.[46] Das war das 4-fache der „floating-rate" der Zentralbank und im Vergleich zum Februar jenes Jahres ein Zuwachs von 130%.
Die Regierung beschloß nun die restriktivsten Devisenbewirtschaftungsmaßnahmen seit dem zweiten Weltkrieg, um den Devisenmarkt unter Kontrolle zu bringen. [47]
Trotz restriktiver Maßnahmen hat sich ein schwarzer „Untergrundmarkt" gebildet. Die Regierung bekämpft diesen Markt mit verstärkten polizeilichen Kontrollen. Eine Folge der Unterbindung des Schwarzmarktes ist die Devisenflucht in die Devisenmärkte der Vereinigten Arabischen Emirate. Seitdem gilt Dubai als der wichtigste Finanzplatz für iranische Devisenanlagen.

Die Marktnachfrage nach Devisen war nicht durch den realen Bedarf der Unternehmen für den Außenhandel begründet, sondern durch das fehlende Vertrauen in die heimische Wirtschaft, so daß die Devisen als sichere Anlagen für die privaten Haushalte angesehen wurden.
Die Unternehmen waren nicht in der Lage mit der ausländischer Konkurrenz standzuhalten, nachdem ihnen durch Währungsreform plötzlich die Devisensubventionen entzogen wurden. Das löste negative Beschäftigungseffekte

---

[45] Während der Zentralbankskurs 1700 Rl/$ betrug, kostet ein Dollar 4300 Rl auf dem freien Markt (s. San'at-e Haml-o Naghl, Nr. 137, Feb./März 1995, S.13)

[46] Darwisch Tawangar,A.: *mowafagiat-e dolat* [Der Erfolg der Regierung], in: Resalat vom *6. khordad 1374* [27.05.1995], S.1

[47] Der Dollarkurs wurde auf 3000 Rial festgesetzt. Etwa 200 Devisenhändler wurden verhaften und deren Arbeit für illegal erklärt. Der Devisenhandel wurde nur noch in wenigen genehmigten Wechselstuben mit vom Staat festgelegten Wechselkurs erlaubt. Sehe Resalt vom *1. khordad 1374* [22.05.1995], S.1

sowie überhöhte Preise für heimische Produkte, die letzten Endes zur politischen Unzufriedenheit führte.[48]

Schon im Vorfeld dieser Reform hat es heftige politische Auseinandersetzungen zwischen verschiedenen politischen Flügel des Landes gegeben. Der radikale Flügel,[49] der grundsätzlich gegen eine Einschränkungen der staatlichen Interventionen in der Wirtschaft war, führte eine politische Kampagne gegen die Währungsreform. Die Tatsache, daß Rafsandschani sein Programm überhaupt in die Öffentlichkeit tragen konnte, war dadurch möglich, daß er in einer Koalition mit konservativen Ajatollahs im Wächterrat der Verfassung bei den zuvor stattgefundenen Parlamentswahlen die Kandidatur einflußreichen Kandidaten dieses Flügels verhinderte. [50]

Wie hier gezeigt wurde, kann der Mißerfolg von Rafsandschanis Wirtschaftsprogramm vor allem auf die institutionellen Rahmenbedingungen zurückgeführt werden, welche eine reibungslose ökonomische Entwicklung im beachtlichen Maße hindern.

---

[48] Im April 1995 hat es einen Hungeraufstand in Süd-Teheran gegeben, die gewaltsam beendet wurde. Davor hat es ähnliche Demonstrationen in den anderen Großstädten wie Schiraz und Meschad gegeben.

[49] Der radikale (linke) Flügel fordert starke staatliche Subventionen für die armen Gesellschaftsschichten und vertritt die Ansicht, durch Staatsintervention die Interessen von Arbeitnehmern und Bauern Vorrang zu geben. Zu den wichtigsten Vertretern dieses Flügels gehören Hodschatol Eslam Karobi, der Ex-Vorsitzende der Martyer-Stiftung, Hodschatol Eslam Musawi Khoeiniha, der Ex-Generalstaatsanwalt und Anführer der Studenten, die im November 1980 die US Botschaft besetzt hatten. Sie sind im „Verein der kämpfenden Geistlichen" (*Madschma-e Ruhaniun-e Mobarez*) organisiert.

[50] In der 4. Legislaturperiode des Parlaments der islamischen Republik Iran, von 1992-1996, wurde die Kandidatur einer Vielzahl von renommierten Anhängern des „Vereins der kämpfenden Geistlichen" vom Wächterrat der Verfassung nicht genehmigt.

4.6 Entwicklungshemmende institutionelle Rahmenbedingungen

4.6.1 Entwicklungsstrategie

Im Mittelpunkt des Wirtschaftsprogrammes stand die Importsubstitutionsstrategie. Zwar wurde die Exportförderung durch die Errichtung von Freihandelszonen berücksichtigt. Die Substitution der importierten Industriegüter durch heimische Produkte blieb das Hauptziel des Programms.[1] Daher investierte der Staat von seinen zunehmend geringer gewordenen Investivausgaben in industrielle Großprojekten wie die Stahlwerke in *Mobarekeh*. Solche Investitionen entsprechen den Anforderungen des Aufbaus einer wettbewerbsfähigen Wirtschaft wenig. Der Iran hat in solchen Industriezweigen keine Tradition und verfügt nicht über ausreichendes modernes Know how, so daß er sich dabei keine komparativen Kostenvorteile schaffen kann.

Die Regierung Rafsandschanis hat den ökonomischen Entwicklungsprozeß nicht als eine nationale Herausforderung gesehen, in die alle gesellschaftliche Akteure einbezogen werden müssen. Es gibt immer noch ein erhebliches Erkenntnissdefizit hinsichtlich der entwicklungsfördernden Rolle des Staates. Die praktizierte Entwicklungspolitik scheint eine ökonomische Entwicklung „von oben" einleiten zu wollen und sieht ihre Hauptaufgabe nicht darin die institutionellen Voraussetzungen für eine aktive Teilnahme privater Unternehmen am Wirtschaftsgeschehen des Landes zu schaffen.

Von diesem Standpunkt aus sah Rafsandschani keine Notwendigkeit, zur Durchsetzung seines Programms das Volk zu mobilisieren. Er hat schrittweise dem Druck der Traditionalisten nachgegeben, so daß seine ursprüngliche Wirtschaftspolitik heute kaum noch erkennbar ist.

4.6.2 Vertrauen

Die Stabilität einer Institution wird durch die Art und Weise gekennzeichnet, wie die Regeln von allen Akteuren befolgt werden. <<Die richtige Erwartung über die Handlungen anderer Personen>>[2] wird als Vertrauen bezeichnet, das maßgebend für die Stabilität einer Institution ist. Je größer das Vertrauen in die Regeln, desto

---

[1] Vgl. Amirahmadi, H: An Evaluation of Iran's First Development Plan and Challenges facing the Second Plan, in: Iran Nameh, Nos. 1-2, Bethesda (USA) 1994, S. 30

[2] Richter, R./Furubotn, E.: Neue Institutionenökonomik, 1996, S.29

stabiler ist die Institution. Mangel an Vertrauen wird von manchen Autoren geradezu als eine der Ursachen wirtschaftlicher Unterentwicklung bezeichnet.[3]

Das fehlende Vertrauen an die wirtschaftliche und politische Entwicklung des Iran schreckte die privaten Investoren ab. Es führte in allen postrevolutionären Jahren zur Kapitalflucht.[4] Das in den ersten zwei Amtsjahren von Rafsandschani noch vorhandene Vertrauen nahm stark ab, nachdem sein Programm kein Durchbruch erzielt hatte und die ökonomischen Größen wie Inflationsrate, Wechselkurse und Beschäftigungsquote keinerlei positive Signale auslösten.

Siebzehn Jahre nach der Revolution sind noch immer einige wichtige wirtschaftsrechtliche Fragen unbeantwortet. Häufige Änderungen der Export- und Importbestimmungen, die zudem nur wenige Monate gültig sind, lähmen die strategische Investitionsplanung für auslandsabhängige Unternehmen.[5] .[6]

Die wachsende Unsicherheit hinsichtlich der künftigen Wirtschaftsentwicklung des Iran trägt zur Inflation bei. Verbreitete Korruption und fehlende rechtliche Sicherheit für Investitionen bewirken das Horten von Waren und den Wandel von Geldanlagen in Sachvermögen wie z.B. Goldschmuck, Autos und Grundstücke. Das führt dazu, daß einerseits die Güter knapper werden und andererseits das Finanzkapital in einer unproduktiven Form brach liegt. Das fehlende Vertrauen ruft damit wirtschaftliche Instabilität hervor, die wiederum die Unsicherheit weiter verstärkt. So ist ein Teufelskreis des Mißtrauens entstanden, der ohne eine tiefgreifende institutionelle Reform nicht zu durchbrechen ist.

Ein ökonomisches Merkmal, das auf das fehlende Vertrauen im Iran verweist, ist der erhebliche Zuwachs des Handels im Dienstleistungssektor. Der Anteil des Handels am Dienstleistungssektor ist seit 1979 vervierfacht worden (von 10% auf fast 40% zum Beginn der 90'er Jahre, s. folgende Abbildung).

---

[3] Vgl. Banfield, E. C.: The Moral Basis of a Backward Society, New York, 1958

[4] Mindestens 10 Mrd. $ wurde kurz nach der Revolution in Ausland transferiert. Sehe dazu Raschidi,Ali:*Tahawolate Eqtezadi Iran dar Doreyeh bad as Enghelab (1357-1361)* [Die Wirtschaftsentwicklung des Iran in der Periode nach der Revolution 1978-1982], in:Etelaat (Wirtschaftsbeilage), *1372* [1993] Nr. 67/68, S. 78f

[5] vgl. Resalat vom *11. Bahman 1373* [31.01.1995], S. 19

[6] Laut Angaben der iranischen Tageszeitungen gibt es Fälle, bei denen der Export von hergestellten Produkten verboten wurde, nachdem die Privatinvestoren mehrere Jahre in diese Produkte investiert hatten. s. *Hamshahri, 5. Ordibehescht 1374* [25.04.1995], S.5

Abbildung 4-4: Die Entwicklung der Subsektoren Handel, Immobilien und Bankwesen

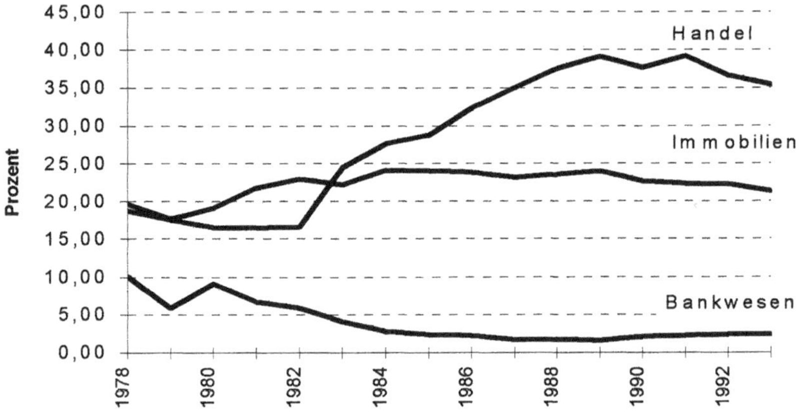

Quelle: Eigene Darstellung nach Angaben von Rasaghi,E.(a),a.a.O.,S.562 für 1978-84 und *Bank Markazi Iran:Kholasse Tahawolate Eqtezadi Keschwar 1370* [Zentralbank vom Iran: Die zusamengefaßte Darstellung der Wirtschaftsentwicklung des Landes 1991], S. 30f für 1987-91, eigene Anteilsberechnung

Auch der Handel mit Immobilien hat drastisch zugenommen so, daß die beiden Subsektoren bis zum 60% des Dienstleistungssektors ausmachen (s. Abbildung 4-3) Damit wird es deutlich, daß die Wirtschaftssubjekte im Iran eher zu kurzfristig rentablen Investitionen wie Handel mit Immobilien, Devisen oder Goldmünzen neigen, die in Ermangelung des Vertrauens in Wirtschaft besonders blühen. Im Gegenteil ist der Anteil des Bankwesens sehr bescheiden. Er ist vom 12% vor der Revolution auf etwa 3% zum Beginn der 90'er Jahre gesunken. Zu dieser Entwicklung hat, zusätzlich zur Zurückhaltung der Anleger wegen der Unsicherheit, die Islamisierung des Bankwesens einen entscheidenden Beitrag geleistet.

Die freien Handelszonen, die ursprünglich zum Einlocken der ausländischen Inversionen für Industrieprojekte vorgesehen wurde, wandelten sich im Zuge des fehlenden Vertrauens allmählich zu lediglich Handelsorten für Spekulationsgeschäfte mit ausländischen Waren. So berichtete Khabaz, das Mitglied des Wirtschaftsausschuß des Parlamentes, nach einem Besuch auf der Insel Gheschm im persischen Golf von weitverbreiteten Spekulationsgeschäften mit

Billigimporten aus Dubai und aus Ostasien. Nach seiner Auffassung ist das Projekt, wie es im Wirtschaftsprogramm von Rafsandschani vorgesehen war, gescheitert.[7]

4.6.3 Innerstaatliche Politische Konflikte

Die islamische Republik Iran ist grundsätzlich seit ihrer Gründung gekennzeichnet durch ständige politische Machtkämpfe, welche die politische Stabilität des Landes gefährden. Da die politischen Auseinandersetzungen nicht demokratisch ausgetragen werden, wurden die politischen Differenzen in Vergangenheit zum Teil mit vollständiger Eliminierung der Kontrahenten beseitigt. Das verursachte enorme Transaktionskosten, da die Funktionsfähigkeit des Staates erheblich beeinträchtigt wurde.

Schon ein Jahr nach der Revolution wurden die politischen Differenzen zwischen dem ersten Premierminister Bazargan und Ajatollah Khomeini sichtbar. Bazargan mußte zurücktreten und seine liberale Partei, Freiheitsbewegung (*Nehzat-e Azadi*) wurde zu den zweiten Parlamentswahlen nicht zugelassen. 1981 floh der erste Staatspräsident *Banisadr* nach Paris, nachdem über ein Jahr lang der Konflikt zwischen ihm und seinen Anhängern mit Ajatollah Khomeini und Hizb Allah das Volk vollkommen gespalten hatte. Bei der vierten Parlamentswahlen 1992 wurden sozioradikalen Islamisten, die 1980-87 den Premierminister *Musawi* stellten, durch eine Koalition zwischen Rafsandschani und Traditionalisten in Randbezirke der politischen Hierarchie abgedrängt. [8] Danach brachen die Konflikte zwischen Rafsandschani und seinen pragmatischen Anhängern mit Traditionalisten aus.

Rafsandschani stieß mit seinem Wirtschaftsprogramm auf den Widerstand der traditionellen und radikalen Flügel der islamischen Republik. Sie lehnten den Abbau der Subventionen und eine Schwächung der Position des Staates in der Volkswirtschaft ab. Die Mißerfolge des Plans hatte ihnen ausreichend Argumente geliefert, um im Parlament das in Kraft treten des zweiten Entwicklungsplanes 1994/98 zu verhindern. Nach langer Auseinandersetzung zwischen dem Parlament und der Regierung dürfte der nächste Wirtschaftsplan des Iran mit Veränderungen erst mit einjähriger Verspätung 1995 beginnen.

Die politische Unstimmigkeit in Grundfragen der Wirtschaftspolitik schwächte zusätzlich die Erfolgschancen von Rafsandschanis Liberalisierungskonzepts. Im Sommer 1995 mußte Rafsandschani den Rücktritt seines vertrauten Vorsitzenden

---

[7] s. Resalat, 24 Aban 1375 [10.11.96]

[8] s. Kooroshy, J.: Zwischen Theokratie und Moderne, Politische Kräfteverhältnis im Iran, in: Blätter zur internationalen und deutschen Politik, Jg. 41, Heft 10, 1996, S. 1242

der Organisation für Budget und Planung verkünden.[9] Diese Organisation war zuständig für die Konzipierung und Überwachung des vorgestellten Wirtschaftsprogramms.

Die islamischen Traditionalisten, die überwiegend in der „Gesellschaft der kämpfenden Geistlichen“[10] organisiert sind, stehen in einer engen Verbindung mit den sogenannten Basaris. Diese sind an kurzfristigen Handelstransaktionen interessiert und versuchen, durch politische Einflußnahme die staatlichen Instrumente zu ihrem Gunsten zu nutzen. Dabei wird der Aufbau des Industriesektors, insbesondere des privaten Industriesektors nicht positiv gesehen, da die Händlerschicht sich dadurch sogar existentiell bedroht fühlt.[11]

Es besteht im Industriesektor ein erheblicher Bedarf an ausländischer Technologie und ausländischen Kapital, so daß die politischen Vertreter des Industriesektors, wie Rafsandschani, die Joint Venturs mit westlichen Unternehmen befürworten. Basaris führen jedoch eine antiwestliche Kampagne, da sie ihr Existenz im Import und Verkauf von Waren sehen.

Die fünften Parlamentswahlen im Iran im März 1996 waren besonders von diesem Konflikt geprägt.[12] Das Bemühen von Rafsandschanis Flügel, durch eine eigene Kandidatenliste die Mehrheit im Parlament zu gewinnen, scheiterte. Der aus konservativen Ayatollahs bestehende Wächterrat der Verfassung annullierte die Parlamentswahlen in mehreren Städten, in denen reformfreundliche islamische Technokraten[13] die Mehrheit erhielten.[14] Zudem wurde das Recht auf Kandidatur vieler Bewerber vom Wächterrat der Verfassung entzogen, weil angeblich Zweifel

---

9 Hamshahri, 22. Mordad 1374 [13.08.1995], S.2

10 Dschameh Ruhaniat-e Mobarez

11 In der Vergangenheit haben Basaries die Betriebe, welche die zu ihrem Handelsbereish gehörenden Güter herstellen, aus der Konkurrenz weggeschafft haben. So z.B. gingen viele Hühnerhalterein in Konkurs, da sie von Basaries mit subventionieten Devisen eingeführten französischen Produkten nicht konkurrieren konnten. s. Karbasian, Aliakbar, in: *Gosaresch, Tir 1375* (Juli 1996)

12 Vgl. Asghari, M. Reza: Iran vor den Parlaments- und Präsidentschaftswahlen, in: Handelsblatt vom 28.2.96, S.12

13 s. Abschnit 4.7.2.1

14 z.B. in Esfahan, Nadschaf Abad und Fereidan

an ihrer „Glaubens- und Islamtreue" bestanden. Fast alle diese Kandidaten vertraten einen moderaten Islam.[15]

Mohadscherani, Anführer der islamischen Technokraten und Sekretär von Rafsandschani, der für eine Normalisierung der Beziehungen zu den USA eingetreten war und wegen seiner liberalen Äußerungen von den islamischen Konservativen stark angegriffen wurde, wurde im Juni 1996 vor Gericht gestellt und verurteilt.[16]

Das Ringen um Rafasandschanis Nachfolge bagan bereits ein Jahr vor den Präsidentschaftswahlen im Jahr 1997. Der Wahlsieg von Präsident Chatami im Mai 1997 löste heftigste Auseinandersetzungen zwischen den islamischen Traditionalisten und Modernisten aus. Zur Abschreckung von Chatamis Anhängern wurden zwei Tage vor dessen Amtseinführung die sechs engsten Mitarbeiter des Chatami nahestehenden Teheraner Bürgermeisters vom Geheimdienst festgenommen. Der Bürgermeister selbst mußte sich mehrmals wegen angeblicher Korruption vor Gericht verantworten.

Zusammenfassung

Anhand des Wirtschaftsprogramms von Rafsandschani wurde gezeigt, daß eine Deregulierung und Freisetzung von Marktkräften nicht automatisch zu ökonomischer Entwicklung führen muß. Vielmehr ist es notwendig, daß institutionelle Rahmenbedingungen die Marktmechanismen im Sinne einer stetigen Entwicklung unterstützen.

Rafsandschani gelang es nicht, die strukturellen Probleme der iranischen Volkswirtschaft zu lösen. Mangel an Vertrauen in Wirtschaft und Politik entzog jeglicher produktiver Investition die Grundlage. Spekulationsgeschäfte binden Ressourcen in unproduktiven Bereichen und beschleunigen Kapitalflucht. Innerstaatliche Konflikte führen dazu, daß keine klaren gesetzlichen Rahmenbedingungen für Wirtschaftsaktivitäten entstehen. Daher ist ein wichtiges Ziel des Wirtschaftsprogramms gescheitert, nämlich ausländische Direktinvestitionen anzuziehen.

Auch die Währungsreform, die ein wesentlicher Bestandteil von Rafsandschanis Programm war, konnte wegen der fehlenden institutionellen Voraussetzungen nur ein halbes Jahr aufrechterhalten werden. Die Wechselkurse klettern auf dem Schwarzmarkt ununterbrochen in die Höhe.

---

15 Unter ihnen befanden sich mehrere Abgeordnete, die bis dahin mehrere Legislaturperioden dem islamischen Parlament angehörten.

16 S. Salam, 3.7.96 [*13. Tir 1375*]

Die islamische Republik Iran ist grundsätzlich seit ihrer Gründung gekennzeichnet durch ständige Machtkämpfe, welche die politische Stabilität des Landes gefährden. Das verursachte enorme Transaktionskosten, da die Funktionsfähigkeit des Staates erheblich beeinträchtigt wurde.

Trotz ökonomischer Stagnation und verfehlter sozialer Ziele der Revolution gibt es Anzeichen dafür, daß der Iran über ein beachtliches Entwicklungspotential verfügt. Im dynamischen Entwicklungsprozeß der postrevolutionären Ära gewann die Gesellschaft neue lehrhafte Erfahrungen, die nun zum Entstehen fruchtbarer Ansätze beitragen. Aus einer islamisch-fundamentalistischen Gesellschaft entsteht allmählich eine zivile Gesellschaft, die den Islam neu interpretiert und die Grundlage für eine moderne Entwicklung festlegt. Dieser geistig-kuturelle Wandel, der bereits Teile des Klerus und der islamischen Intelligenz umfaßt, bietet dem Iran in Zukunft neue Entwicklungsperspektiven.
Eine vollständige Analyse dieser außerordentlich wichtige und in der islamischen Welt noch seltene Entwicklung würde den Rahmen dieser Studie sprengen. Jedoch ist es von großer Bedeutung, daß dieser Trend in Grundzügen dargestellt wird, damit die neuen Entwicklungsperspektiven des Iran aufgezeigt werden können.

4.7 Ausblick: Die Bedeutung der islamischen Aufklärung für die ökonomische Entwicklung des Iran

Der rasch voranschreitende wissenschaftlich-technolgische Fortschritt in den 80'er und 90'er Jahren in den westlichen Industrieländern vergrößerte die Kluft zu den unterentwickelten islamischen Ländern. Im Unterschied zu früheren Technologien sind die neuen viel Know-how intensiver. Sie lassen sich nicht einfach mittels klassischer Instrumente wie Kauf oder Vergabe von Entwicklungshilfe transferieren.[1]

Durch die neue Wachstumstheorie, deren zentrale Erkenntnis die Endogenisierung des technologischen Fortschritts ist,[2] wird die Bedeutung der Aneignung modernen Wissens für die ökonomische Entwicklung hervorgehoben. Es kommt also darauf an, wie neue Technologien erlernt und wie innovativ sie angewendet werden.[3]
Eine politische Einstellung, die den Westen und dessen technologische Überlegenheit verteufelt- wie gegenwärtig von den islamischen Traditionalisten im Iran als Widerstand gegen die „kulturelle Offensive" des Westen praktiziert wird- ist für die Entwicklung besonders hemmend. Eine Unterbindung des kulturellen Austausches mit den Industrieländern und eine nur selektive, anwendungsorientierte Aufnahme westlicher Technologien verhindert, daß der Iran sich den Geist der Wissenschaft aneignet und sich damit langfristig an der Produktion von Welt-Know-how beteiligen kann.[4] Diese Fähigkeit ist eine Grundvoraussetzung für die Entwicklung des Landes.

Die Entgrenzung der Nationalökonomien droht den Iran, wie andere Entwicklungsländer, mit dem Abstieg in die weltwirtschaftliche Bedeutungslosigkeit.[5] Denn mit der Internationalisierung der Märkte verbundenen Intensivierung des Wettbewerbs stellt den Iran zusätzlich vor große

---

[1] Vgl. Bundesministerium für wirtschaftliche Zusammenarbeit (BMZ): Islamische Bewegungen und deutsche Entwicklungspolitik, BMZ aktuell Nr. 009, November 1991, S. 5

[2] Vgl. Seiter, Stephan: Neue Ansätze in der Wachstumstheorie, in: Flemmig, J. (Hrsg.): Moderne Makroökonomik- Eine kritische Bestandsaufnahme, Marburg 1995, S. 97ff

[3] Vgl. Weiss, Dieter: Die Entwicklungsländer vor der Dritten Industriellen Revolution, in: Opitz, Peter J.(Hrsg.): Grundprobleme der Entwicklungsländer, 1991, S. 214ff

[4] Vgl. Jones, Eric L.: Cultur and ist relationship to economic change, in: Journal of Institutional and Theoretical Economics (JITE) 151/2 (1995), S. 269-285

[5] Vgl. Menzel, Ulrich: Die neue Weltwirtschaft. Entstofflichung und Entgrenzung im Zeichen der Postmoderne, in: Peripherie, Nr. 59/60, 1995, S. 30f

Herausforderungen.[6] Diese sind nur dann zu bewältigen, wenn dieses Land an den offenen, innovativen Prozessen der Weltgemeinschaft teilnimmt. Kooperationsbereitschaft und -fähigkeit, Freiheit des Denkens und Forschens, und eine grundsätzlich positive Wertung von Kritik sind unabdingbar.[7] Der Verzicht auf religiöse Ausschließlichkeitsansprüche bezüglich dessen, was als wahr und verbindlich anzusehen ist, muß eingefordert werden.[8]

Um einen Anschluß an die fortgeschrittenen Volkswirtschaften der Welt zu gewinnen, ist es mehr denn je notwendig, daß die islamische Republik Iran die geistig-kulturellen Voraussetzungen für eine ökonomisch stabile Entwicklung einleitet.

4.7.1 Entstehung des islamischen Fundamentalismus im Iran

Das gescheiterte Modernisierungsexperiment des Schah zeigt, daß die Entwicklung sämtliche Gesellschaftsbereiche umfassen muß, und nicht auf ausgewählte Sektoren beschränkt bleiben darf. Der Schah behauptete, durch Einfuhr hochentwickelter Technologien, welche durch die Erdöleinnahmen ermöglicht wurden, *das moderne Gesellschaftsmuster westlicher Präg*ung nachahmen zu können.[9] Seine selektive Modernisierung rief eine Identitätskrise hervor, die vor allem bei religiösen Gesellschaftsschichten eine starke Ablehnung der Moderne auslöste.[10]

Dem Schah war es trotz seiner Faszination für den Westen nie gelungen, den entwicklungstragenden Geist der modernen Welt im Iran zu verankern. Sein Anspruch, dem Iran bis zum Ende des 20. Jahrhunderts den fünften Platz unter den

---

[6] Vgl. Messner, Dirk u.a. : Internationale Wettbewerbsfähigkeit- neue Anforderungen, in: Systemische Wettbewerbsfähigkeit; Deutsches Institut für Entwicklungspolitik (DIE), Berlin 1994, Abschnitt I, S. 1-11

[7] Vgl. Bundesministerium für wirtschaftliche Zusammenarbeit (BMZ): Islamische Bewegungen und deutsche Entwicklungspolitik, BMZ aktuell Nr. 009, November 1991, S.10

[8] Ebenda

[9] Graham, Robert: Iran, Die Illusion der Macht, 1979, 25ff

[10] Vgl. Tibi, Bassam: Der Islam und das Problem der kulturellen Bewältigung sozialen Wandels, 1985, S.192f

Industrieländern zu sichern, war zum Scheitern verurteilt.[11] Der Versuch also, einen rapiden sozialen Wandel[12] unter den Bedingungen einer orientalischen Despotie zu verwirklichen, erscheint so als *das* Modernisierungsparadoxon.[13]
Statt die versprochenen Ziele zu erreichen, leistete der Schah den islamischen Fundamentalisten erheblichen Vorschub.

Die verfehlte Entwicklungspolitik des Schah, ökonomische Rückständigkeit und eine sozialpolitische Krise mündeten im Iran schließlich in eine Suche nach religiös-fundamentalistischen Heilserwartungen.[14] Der islamische Fundamentalismus stellte zunächst sämtliche westlichen Werte in Frage und versuchte durch Ablehnung des Westen und eine Rückkehr zu vermeintlichen alten religiösen Wurzeln eine eigene Identität aufzubauen.[15]

So kann das Phänomen des islamischen Fundamentalismus im Iran als das Resultat des Mißlingens eines Übergangs von der vorindustriellen, auf islamische Traditionen aufgebauten in eine moderne, marktwirtschaftlich orientierte Gesellschaft betrachtet werden.

Für die Fundamentalisten ist der Koran nicht nur Gebets-, sondern zugleich auch wörtlich zu nehmender Gesetzestext. Er legt als göttliche Offenbarung das rechte Verhalten von Individuum und Gesellschaft in allen Lebensäußerungen fest.[16] Die wiederentdeckte Sprache des Islam wurde als Schlüssel zur Identitätskrise der Moslime im Iran ausgewählt. [17]

---

11 Vgl. Schah Mohamed Reza Pahlevi im Interview mit Keyhan International vom 4.8.1974

12 Der soziale Wandel impliziert die Erneuerung von sozio-ökonomischen Strukturen, die im Zuge der Industrialisierung zur Auflösung traditioneller Strukturen und zum Aufbau neuer Institutionen notwendig ist. Vgl. Tibi, Bassam: Schwache Institutionalisierung als politische Dimension der Unterentwicklung, In. Verfassung und Recht in Übersee, 1980, S. 3-26

13 Vgl. Tibi, Bassam: Der Islam und das Problem der kulturellen Bewältigung sozialen Wandels, 1985, S.192

14 Tibi, Bassam: Islamischer Fundamentalismus, moderne Wissenschaft und Technologie, Frankfurt a. M. 1992, S. 12

15 Vgl. Motabaher, Hossein: Vom Nationalstaat zum Gottesstaat, Islam und sozialer Wandel im Nahen und Mittleren Osten, 1995, S.164f

16 Vgl. BMZ aktuell, 009, a.a.O., S. 5

17 Vgl. Hunziker, Ernst: Das weltliche im Islam, 1995, S. 47-90

Mit der Gründung der islamischen Republik Iran 1979 erfüllte sich der moslimische Traum vom Gottesstaat in der modernen Zeit, selbst wenn die Schiiten nur 10% der Moslime darstellen. Geführt von Ayatollah Khomeini begab sich der Islam im Iran auf den Prüfstand. Er trat aus seiner langjährigen Rolle als Gegenpol zur weltlichen Macht heraus in die weltliche Verantwortung.

4.7.2 Säkularisierung- und Aufklärungsprozeß des Islam im Iran

Die siebzehnjährige Geschichte der islamischen Republik Iran beweist, daß die realen diesseitigen Probleme einen Säkularisierungsdruck auf die islamische Führung ausübten. Dies zeigt sich einerseits in einem zunehmenden Pragmatismus führender islamischer Politiker wie *Hodschatol-eslam Refsandschani* oder dem Teheraner Bürgermeister *Karbastschi.* Andererseits findet zur Zeit ein geistig-religiöser Erneuerungsprozeß statt, der den Rationalismus fördert und die Vernunft als Instrument der Problemlösung zunehmend in den Mittelpunkt stellt. Die neuen Erkenntnisse der islamischen Intellektuellen könnten auf längere Sicht für die ökonomische Entwicklung des Iran von großer Bedeutung sein.

4.7.2.1 Die islamischen Technokraten

Bei den islamischen Technokraten handelt es sich um eine Gruppe islamischer Aktivisten, die sich in der postrevolutionären Ära allmählich zu einer politischen Kraft formiert haben.[18] Sie betrachten Wissenschaft und fachliche Qualifikation als notwendige Instrumente zur Durchführung gesellschaftspolitischer Maßnahmen.[19] Ihr Verhältnis zum Islam ist pragmatisch, und dementsprechend bemühen sie sich den Islam gleichsam zu „persianisieren“. Auch wenn diese Gruppe noch keine

---

[18] Sie stellten ihre eigene Kandidatenliste für die Parlamentswahlen im Frühjahr 1996 auf und traten damit zum ersten Mal offiziell an die Öffentlichkeit. Sie bezeichneten sich als „Diener des Aufbaus des Landes“ (*Khedmatgozaran-e Sazandeghi*). Zu diesen Vertretern der islamischen Technokraten zählen u.a. Karbaßtschi (Teherans Bürgermeister), Nourbakhsch (Gouverneur der Zentralbank) und Mohadscherani (Stellvertreter des Präsidenten); s. auch Asghari, M. Reza : Iran vor den Parlaments- und Präsidentschaftswahlen, Islamische Technokraten beharren auf Reformen, in. Handelsblatt, 28.2.96

[19] Amirahmadi, Hoshang: *Daramadi bar Dschameh madani dar Iran-e Emruz*, [Eine Einführung in die heutige zivile Gesellschaft des Iran], in: *Iran-e Farda, Mehr 1375* [Sep./Okt. 1996], S.16

Mehrheit in der politischen Führung der islamischen Republik besitzt, kann sie doch als ein künftiger entwicklungsfördernder Faktor betrachtet werden. Die nationalen Interessen spielen bei den islamischen Technokraten eine übergeordnete Rolle.
Im Gegensatz dazu treten die Traditionalisten für eine islamische Weltgemeinschaft ein und sind bereit, nationale Nachteile im Kauf zu nehmen, um ihrer Solidarität mit den islamischen Brüdervölkern Ausdruck zu verleihen.

Der ideologische Dogmatismus hatte bisher hohe Transaktions- und Produktionskosten zur Folge. Hunderttausende hochqualifizierter Iraner verließen während der letzten 17 Jahren das Land, da Ihnen aus ideologischen Gründen keine angemessene Tätigkeit angeboten wurde. Allein in den USA praktizieren über 7000 iranische Ärzte,[20] das entspricht einem Drittel der im Iran arbeitenden Ärzte.[21]
Die ideologischen Faktoren verursachten nicht nur umfangreiche Verluste an Humankapital. Durch eine ideologisch geprägte Außenpolitik setzte sich der Iran zunehmend außenpolitischem Druck aus, insbesondere durch die USA, die im Mai 1995 eine Wirtschaftsblockade verhängten. Auch die Weltbank hat sich dieser Politik angeschlossen und eigentlich zugesagte Kredite nicht gewährt.[22]

Die gravierenden Abweichungen der Revolution von ihren sozioökonomischen Zielen, sowie die Erfahrungen der islamischen Kader seit Übernahme der politischen Verantwortung,[23] lösten eine islamische Variante der Aufklärung aus, welche für die Wirtschaftsentwicklung des Landes von großer Bedeutung ist. Deshalb sollen an dieser Stelle die Denkansätze wichtiger iranischer Vertreter der islamischen Aufklärung kurz dargestellt werden. Diese versuchen, den Islam von entwicklungshemmenden Denkschemata zu befreien, ohne dabei seine kulturelle Identität zu verleugnen.

---

[20] Hamshahri, 11. Tir 1375

[21] Im Iran kommt auf etwa 3000 Einwohner ein Arzt.

[22] Die islamischen Technokraten, wie Ataollah Mohadscherani, treten für eine Normalisierung der Beziehungen zu den USA.

[23] Vgl. Ferdowsi, Mir A.: Islamischer Fundamentalismus- Im Kampf der Kulturen oder Krise der Entwicklung?, in: Journal für Entwicklungspolitik, XI. Jg.,Heft 4, 1995, S. 492

4.7.2.2 Die islamische Aufklärung im Iran

Die islamischen Reformisten stellen die traditionell verbreitete Einschätzung der Muslime bezüglich der westlichen Zivilisation in Frage. So meint *Hodschatol-Islam Chatami*, ein Geistlicher, der im Mai 1997 zum Staatspräsident gewählt wurde, daß die Entwicklung des Landes ohne eine nachhaltige Auseinandersetzung mit der westlichen Zivilisation nicht möglich sei.[24] Diese Zivilisation sei mitsamt ihren positiven und negativen Aspekten eine große Errungenschaft der Menschheit: „Wir dürfen nicht an dem Punkt anfangen, wo Europa vor 500 Jahren begann. Wir sollen die Vorteile und die Defizite dieser menschlichen Erfahrung wahrnehmen, damit wir eine bessere Wahl treffen können."[25]

Chatami definiert Rechtsstaatlichkeit als Leitlinie seiner Politik und beharrt auf der Notwendigkeit des Aufbaus einer zivilen Gesellschaft. [26]

Auch der erste Premierminister der Islamischen Republik, *Mehdi Bazargan* (1908-1994), der nach der Besetzung der amerikanischen Botschaft im November 1980 sein Amt niederlegte, war der Ansicht, daß der Westen den von den monotheistischen Religionen eingeschlagenen Weg weiterverfolge. Er begründet dies damit, daß das oberste Ziel der Religionen die Schaffung moralischer Normen wie Toleranz, Respekt vor Freiheit, Ehrlichkeit und Erwerb von gerechtem Gewinn sei. Da diese Normen auch weiterhin im Westen Geltung hätten, habe sich das westliche Europa in diesem Sinne nicht von der Religion distanziert.[27]

In seinen zahlreichen, über einen Zeitraum von 50 Jahren veröffentlichten Schriften, versuchte *Mehdi Bazargan* eine Versöhnung zwischen moderner Wissenschaft und Technologie einerseits und dem Islam andererseits herbeizuführen und den Islam im Sinne einer modernen Gesellschaft für den Iran zu interpretieren[28]
Bazargan war der Ansicht, daß *„figh"*, die islamische Rechtswissenschaft, welche Empfehlungen und Anweisungen für sämtliche Lebenstätigkeiten liefert, im Islam

---

[24] Der Vortrag von *Hodschatol Eslam Chatami* im Seminar über „Freiheit und Entwicklung" im Institut der Geisteswissenschaften der Universität Teheran, Mai 1996, in: Keyhan (London), Nr. 610, 13.06.96, S. 7

[25] Ebenda

[26] *Hamshahri*, Nr. 1334, 20.8.97 *Hamshahri*, Nr. 1390, 25.10.97

[27] Vgl. Yazdi, Ebrahim: *Mohandeß bazargan; nim garn talasch dar arße ßiassat wa andische dini* [Bazargan: Ein halbes Jahrzehnt Anstrengung in den Gebieten der Politik und des religiösen Denkens], in: *Kyan,* Nr.23, *1373*, S.11

[28] Vgl. Ebenda

der Gegenwart überhand nehme und erdrückend wirke. Die Religion werde durch *figh* unverhältnismäßig beschränkt. Statt Inhalt und Geist der Religion zu begreifen, beschäftige sie sich nur mit äußeren religiösen Formen und Ritualen und vernachlässige Wissenschaft, Erziehung, Moral, Arbeit und anderen wichtige Bereiche.

Bazargan vertrat die Auffassung, daß man die Lösungen diesseitiger Probleme nicht unbedingt vom Islam ableiten müsse. Wenn der Islam uns nicht Kochen, Gartenbau und Haushaltsführung lehrte und uns all dieses selbst überließ, sollten wir auch Wirtschaft, Management und Politik mit Hilfe unserer Vernunft und Erfahrung selbst zu bestimmen versuchen. Obwohl der Koran der Wissenschaft eine große Bedeutung beimesse, lehre er uns mit keinem Vers Mathematik, Elektrotechnik, Philosophie oder Physik.[29]
Wenn wir begriffen, daß die Hauptanliegen der großen monotheistischen Religionen Gott und das Jenseits seien, dann müßte der Islam keine vollständigen Lösungen für soziale, wirtschaftliche und politische Fragen in unserer diesseitigen Gesellschaft anbieten.[30]

Der wohl bedeutendste islamische Reformer, der von westlichen Islamkennern schon als „Luther des Islam" bezeichnet wird,[31] ist der muslimische Philosoph *Abdolkarim Sorusch*. Die Thesen von *Sorusch* haben bereits heute weitreichende politische Wirkungen.[32]

Als überzeugter Verfechter der islamischen Revolution hatte er nach der Gründung der islamischen Republik als einer der wichtigsten Ideologen maßgeblich im "Rat der Kulturrevolution"[33] mitgewirkt.
Sorusch sieht einen Hauptgrund des technologischen Fortschrittes in Europa in der Institutionalisierung der Wissenschaft und in der Verbreitung des Rationalismus:
"Es ist uns noch nicht gelungen, die Wissenschaft in unserem Boden wurzeln zu lassen. Die Universitäten haben ihren eigentlichen Stellenwert nicht bekommen.

---

29 Vgl. Ebenda

30 Vgl. Bazargan, M.:*acharat wa khoda hadaf-e bessate peyambaran*, [Jenseits und Gott, das Ziel der Mission von Propheten], zit. nach : Ebenda

31 Vgl. Lüders, Michael: Mit dem Koran in die Moderne, in: Die Zeit, Nr. 52, 22. Dezember 1995, S. 25f

32 Vgl. Rouleau, Eric: Intellektuelle, Laizisten und Feministinnen im Aufwind, in: die tageszeitung vom 7. Juni 1995

33 Der Rat der Kulturrevolution wurde im Mai 1980 von Ayatollah Khomeini gegründet, nachdem sämtliche iranische Hochschulen geschlossen wurden. Der Rat der Kulturrevolution hat den Lehrinhalt der Hochschulen neu bestimmt.

Wissenschaft gilt als Luxusgut; wer moderne Wissenschaft studiert hat, wird bei uns immer noch als Fremdling betrachtet. Ihm wird in der religiösen Szene mit Vorbehalt begegnet".[34]
Sorusch ist als Wissenschaftstheoretiker deutlich von Karl Popper beeinflußt und hat sich in mehreren Schriften selbst mit den Methoden der Wissenschaft auseinandergesetzt.

Abdolkarim Sorusch sieht in der geringschätzigen Bewertung der Wissenschaft im Iran und anderen islamischen Ländern eines der schwerwiegendsten Entwicklungshindernisse. Er vergleicht dies mit dem europäischen Mittelalter. Auch im europäischen Mittelalter habe man versucht, Wahrheit vorrangig durch Theologie zu ergründen. Seit der Renaissance aber seien Wissenschaft und Vernunft zunehmend als Instrumente der Wahrheitsfindung akzeptiert. So äußerte Galileo Galilei, daß Gott die Welt in der Sprache der Mathematik geschrieben habe, und wer die Welt erkennen wolle, müsse Mathematik lernen.[35]
Sorusch hält den Rationalismus für eine Voraussetzungen moderner Wissenschaft im Iran. Erst dann sei man in der Lage, sich neue Technologien kreativ anzueignen.

Ein Ansatz *Sorusch*, der für eine langfristige Entwicklung des Iran von außerordentlich großen Bedeutung werden könnte, ist die Verknüpfung des philosophischen Relativismus mit dem Islam. Danach ist die Religion eine göttliche Offenbarung, aber ihre Interpretation durch und durch menschlich und weltlich.[36] Ihre Interpretation bleibt so lange konstant, wie auch diese externen Elemente konstant bleiben. Daher verändere sich die Wissenschaft von der Religion nicht aufgrund einer Verschwörung oder unrechtmäßiger Manipulation, sondern dies ist das natürliche Ergebnis der Evolution menschlichen Wissens.[37] Aus den Reformideen *Soruschs* folgen mehrere aus entwicklungspolitischer Sicht wichtige Erkenntnisse:
- Das Unfehlbarkeitsdogma und damit die Institution der *Welayt-e Faghih*, die Herrschaft der islamischen Rechtsgelehrten,[38] wird in Frage gestellt. Der Islam

---

[34] Vgl. *Sorusch* im Interview mit Farhang-e Towsee, Nr. 10, *Bahman wa Esfand* 1372 [Jan/Feb 1994], S.4

[35] *Sorusch*, Ebenda

[36] Sorush, AbdulKarim: Im Meer der Deutungen, in: Die Zeit, Nr. 52, 22. Dezember 1995, S. 28

[37] Ebenda

[38] *Welayat-e Faghih* ist der wichtigste Punkt der Verfassung der Islamischen Republik. Wer diese Institution führt, Waliy-e Faghih, „wird in seiner Machtposition vom Anspruch des 12. Imams auf die Führung der islamischen Gemeinschaft abgeleitet. Der ‚Faghih' wird nicht ausdrücklich vom Volk gewählt, sondern nur anerkannt. Mit der ‚Anerkennung' wird

wird als wandelbar betrachtet und gerät als wichtigster kulturtragender Faktor der iranischen Gesellschaft nicht mehr in Konflikt mit einer modernen Entwicklung. Hierdurch wird eine offene kritische Auseinandersetzung mit der Kultur und der Wissenschaft der Industriegesellschaften möglich.
- *Soruschs* Ansätze tragen zur Institutionalisierung der Demokratie bei. Nach *Sorusch* entfällt die Legitimität der Alleinherrschaft des Immamsnachfolgers (*Waliy-E Faghih*). Sie ist mit dem Anspruch auf absolut „wahre" Interpretation des Korans begründet, die es nach *Sorusch* nicht geben kann.

Ein Fördern bzw. Zulassen des kritischen Denkens erleichtert die kreativen Aneignung des wachstumsfördernden modernen Wissens. Dieser Aspekt der ökonomischen Entwicklung ist bis heute im Iran stark vernachlässigt worden.
Die Demokratie verstärkt die Partizipation verschiedener gesellschaftlicher Akteure für einen effektiven Entwicklungsprozeß. Betrachtet man die Entwicklung als „Aufbau wettbewerbsfähiger Gesellschafts- und Wirtschaftseinheiten"[39], werden die hieraus sich ergebenden Entwicklungschancen ersichtlich.
Die vorgestellten Denkansätze der islamischen Aufklärung könnten im Iran dazu beitragen, sichselbsttragende Entwicklungsprozesse auszulösen. Danach ist die Entwicklung nicht mehr durch externe Faktoren, wie die Fundamentalisten gern behaupten, sondern durch das eigene Unvermögen einer Verinnerlichung der Moderne gehemmt worden.[40] Somit steht die Eigenanstrengung im Mittelpunkt einer Entwicklungsförderung.
Dem Autor scheint die Verbreitung dieser Einsichten, auch in der Zukunft, eine der wichtigsten Herausforderungen für die iranische Gesellschaft zu sein.

---

auch formal die göttliche Souveränität über die des Volkes gestellt." zit. nach Küppers, Stefan: Die islamische Republik Iran, 1991, S. 76

[39] Vgl. Messner, Dirk u.a., Systemische Wettbewerbsfähigkeit und Entwicklung, in: E+Z Entwicklung und Zusammenarbeit, Jg. 36, Nr. 10, 1995, S. 256f

[40] Vgl. Massarat, Mohssen: Aufstieg des Okzidents und Fall des Orients, in: Massarat, Mohssen (Hrsg.): Mittlerer und naher Osten, Geschichte und Gegenwart, Eine problemorientierte Einführung, 1996, S. 52f.

5 Zusammenfassung

Der Erdölexportboom veränderte die iranische Volkswirtschaft nachhaltig. Der durch diesen Export bewirkte Einkommenseffekt führte zu zusätzlichen Ausgaben für nicht-handelbare Güter. Im Gegensatz zur Dutch Disease, die eine Deindustrialisierung hervorruft, führte die Iranian Disease zur De-agriculturalization. Ausgaben- und Ressourcentransfereffekte bewirkten eine Expansion des Industriesektors, der von Anfang an den Charakter eines non-tradable-sector hatte.
Die Entwicklungspolitik selbst, die dazu beitragen könnte, gegen die negativen Folgen des Rohstoffexportbooms zu steuern, verschärfte vielmehr die ökonomischen Probleme des Iran. Die vom Staat angestrebte Importsubstitutionsstrategie intensivierte den Industrialisierungsprozeß, welcher stark auf den Binnenmarkt ausgerichtet war. Die in den 70'er Jahren aufgebaute Industrie war folglich sehr kapitalintensiv und devisenabhängig; innerhalb der neuen Industrien gab es wenig Verzahnungen.

Die Wettbewerbsfähigkeit der iranischen Industrie ist deshalb gering und muß gegenüber ausländischer Konkurrenz durch ein kompliziertes Protektionssystem geschützt werden.

Der Einfluß des Erdölsektors überragt weiterhin den aller anderen Sektoren der iranischen Volkswirtschaft. Da dieser den Löwenanteil der Staatseinnahmen stellt, führen Preisfluktationen auf dem Erdölmarkt immer wieder zu hohen Haushaltsdefiziten.
Hohe Inflationsraten, Devisenengpässe und Stagflationserscheinungen sind Folgen der weiterhin vom Erdölsektor beherrschten iranischen Volkswirtschaft.

Die islamische Revolution im Februar 1979 markiert den Beginn eines neuen polit-ökonomischen Kapitels in der Entwicklung des Iran. Die tiefgreifenden Veränderungen in den Bereichen des Staatswesens, der Wirtschaftsordnung und des Eigentumsrechtes beeinflußten ab diesem Zeitpunkt die Wirtschaftsentwicklung des Landes in besonderem Maße.

Die Institutionenökonomik diente dazu, solche Veränderungen auf der metaökonomischen Ebene zu erfassen und deren Rolle bei der ökonomischen Entwicklung zu analysieren. Der Staatsapparat steht im Spannungsfeld mehrerer politischer Institutionen, wodurch seine Handlungsfähigkeit stark eingeschränkt wird. Die Verfügungsrechtsstruktur wurde erheblich zu Lasten des Privateigentums geändert. Die religiösen Stiftungen - ursprünglich nach der Revolution zu paritätischen Zwecken gegründet - spielen heute eine erhebliche Rolle in der iranischen Wirtschaft. Sie entwickelten sich zu autonomen, unkontrollierten Subsystemen innerhalb der Volkswirtschaft, die über beträchtlichen politischen Einfluß verfügen. Die Islamisierung der Finanzinstitute wirkte hemmend sowohl auf das Bankwesen wie auch auf die Teheraner Börse. Dadurch wurde die Mobilität des Geld- und Kapitalmarktes erheblich eingeschränkt.

Die von der Islamischen Republik Iran praktizierte Entwicklungsstrategie hat die in ihrer Verfassung festgeschriebenen Ziele, nämlich Wirtschaftswachstum, Allokation der Ressourcen und eine gerechte Verteilung des Volkseinkommens, nicht erreicht.

Anhand des Wirtschaftsprogramms von Rafsandschani wurde gezeigt, daß eine Deregulierung und Freisetzung der Marktkräfte nicht automatisch zu ökonomischer Entwicklung führen muß. Vielmehr ist es notwendig, daß institutionelle Rahmenbedingungen die Marktmechanismen im Sinne einer stetigen Entwicklung unterstützen.

Rafsandschani gelang es nicht, die strukturellen Probleme der iranischen Volkswirtschaft zu lösen. Mangel an Vertrauen in Wirtschaft und Politik entzog jeglicher produktiver Investition die Grundlage. Spekulationsgeschäfte binden Ressourcen in unproduktiven Bereichen und beschleunigen Kapitalflucht. Innerstaatliche Konflikte führen dazu, daß keine klaren gesetzlichen Rahmenbedingungen für Wirtschaftsaktivitäten entstehen. Daher ist ein wichtiges Ziel des Wirtschaftsprogramms gescheitert, nämlich ausländische Direktinvestitionen anzuziehen. Auch die Währungsreform, die ein wesentlicher Bestandteil von Rafsandschanis Programm war, konnte wegen der fehlenden institutionellen Voraussetzungen nur ein halbes Jahr lang aufrechterhalten werden.

Trotz ökonomischer Stagnation und verfehlter sozialer Ziele der Revolution gibt es Anzeichen dafür, daß der Iran über ein beachtliches Entwicklungspotential verfügt. Im dynamischen Entwicklungsprozeß der postrevolutionären Ära gewann die Gesellschaft neue, lehrhafte Erfahrungen, die nun zum Entstehen fruchtbarer Ansätze beitragen. Aus einer islamisch-fundamentalistischen Gesellschaft entsteht allmählich eine zivile Gesellschaft, die den Islam neu interpretiert und die Grundlagen für eine moderne Entwicklung festlegt. Dieser geistig-kulturelle Wandel, der bereits Teile des Klerus und der islamischen Intelligenz umfaßt, bietet dem Iran in Zukunft neue Entwicklungsperspektiven.

Anhang I: Das reale Bruttosozialprodukt und die Bruttowertschöpfung der Sektoren der Volkswirtschaft im Iran 1975-94 (Mrd. RI)

Jahr	*BSP*	*Agrar*	*Erdöl*	*Industrie*	*Dienstleistung*
1977	13255	1640	4408	2330	4817
1978	11790	1747	3144	2104	4841
1979	10850	1851	2535	1774	4964
1980	9461	1915	866	1874	4855
1981	9172	1953	883	1875	4507
1982	10540	2091	1948	1884	4543
1983	11916	2193	2006	2255	5136
1984	11979	2354	1626	2364	5261
1985	12189	2538	1644	2232	5373
1986	11080	2651	1403	2033	4655
1987	11085	2716	1599	2084	4341
1988	10594	2648	1754	1978	4030
1989	9797	2746	1890	2109	4101
1990	10998	2967	2265	2392	4500
1991	12378	3120	2517	2802	4950
1992	12986	3352	2554	2932	5344
1993	13371	3536	2645	3000	5744
1994	131622	3690	2496	3099	5981
1995	13708	3839	2518	3293	5956

Quelle: Zentralbank des Iran, zu konstanten Preisen, Basisjahr 1982, Nachkommazahlen sind gerundet.

Anhang I: Die „Weiße“ Revolution

Die sogenannte Weiße Revolution des Schah wurde am 26.Januar 1962 verkündet. Diese war ein Entwicklungsplan, der unter dem Mitwirken der USA für den Iran kozipiert wurde.
Das umfassende Entwicklungsprogramm wurde deshalb als "Weiße" Revolution bezeichnet, weil diese unblutig von oben durchgeführt werden sollte.
Sie bewirkte eine rasche Veränderung der Gesellschafts- und Wirtschaftsstruktur des Landes.[1]
Die Weiße Revolution sollte die Bahn für die Entwicklung der marktwirtschaftlichen Industrialisierung des Landes ebnen[2] und die dafür benötigten Arbeitskräfte aus dem unproduktiven Agrarsektor freisetzen.[3] Das Programm der Weißen Revolution bestand zunächst aus sechs Punkten[4] :

1 Bodenreform
2 Nationalisierung der Wälder und Weideflächen
3 Verkauf von Anteilen der industriellen Staatsbetriebe an deren Arbeitnehmer und die übrige Bevölkerung
4 Einführung einer Gewinnbeteiligung der Arbeitnehmer in den Fabriken
5 Wahlrecht für Frauen
6 Gründung eines Bildungscorps (Armee des Wissens)[5]

Der wohl wichtigste Punkt der Weißen Revolution war die Bodenreform, welche die über Jahrhunderte währende Herrschaft der Großgrundbesitzer beenden sollte. Vor der Bodenreform besaßen 200 Großgrundbesitzer, die weniger als 1% aller Landbesitzer ausmachten, über mehr als 60% des bebaubaren Landes.[6]

Wie aus der Abbildung ersichtlich ist, verfügten Großgrundbesitzer, religiöse Stiftungen, der Staat und die kaiserliche Familie über 85% der bebaubaren Landfläche.

---

[1] Vgl. Holiday,F.: Iran-Analyse einer Gesellschaft im Entwicklungskrieg-1979, S.101

[2] Vgl.Sodagar, M.R., *Roschde Rawabete Sarmayehdari* dar Iran 1342-57 [Die Entwicklung des Kapitalismus im Iran 1963-1978], 1369[=1990], S. 285 ff

[3] Vgl. Ferdowsi, M. A., Iran, in: Handbuch der Dritten Welt, Nohlen, D.u.a. (Hrsg.), 1983, S. 289

[4] Es wurde später bis auf 18 Punkte erweitert. (s. Maleki, Nader,: Bestimmungsfaktoren industrieller Direktinvestitionen im Iran, 1978,S.331

[5] Ein Teil der wehrpflichtigen Abiturienten wurden nach einer halbjährigen Ausbildung für den Rest ihres zweijährigen Wehrdienstes als Grundschullehrer in die Dörfer geschickt.

[6] Hoepner,R.R.: Aspekte der Agrarreform Irans,in:Orient,1/1973, S.38 zit. nach Ritter, W.: Der Iran unter der Diktatur des Schah-Regimes, 1979, S.57

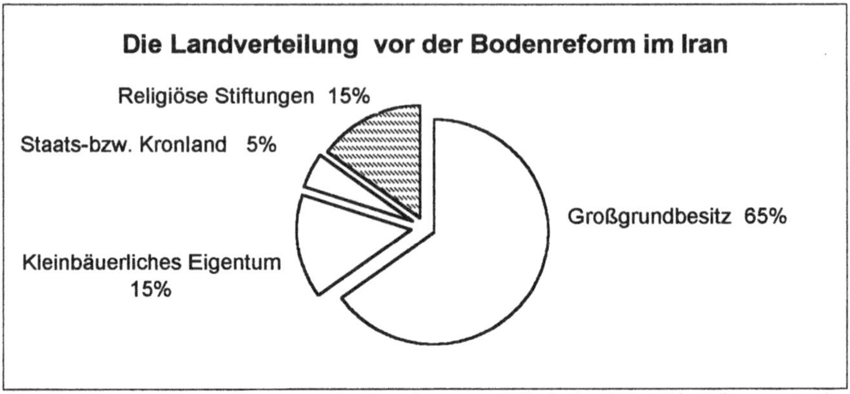

Quelle: Eigene Darstellung nach Angaben von Khalatbari,P.: Die Hintergründe der Agrarreform im Iran,in: Deutsche Außenpolitik 4/1965,zit. nach: Ritter, W.a.a.O., S.57

Das wichtigste Ziel der Weißen Revolution war die Industrialisierung des Iran. Dieses setzte die Bereitstellung von Arbeitskräften voraus. Die Bodenreform sollte in dem unproduktiven Agrarsektor Arbeitskräfte freisetzen und in den jungen Industriesektor transferieren.[7]
Die Bodenreform wurde mittels dreier Gesetze aus den Jahren 1962,1964 und 1969 in drei Phasen durchgeführt. Im Zuge der Bodenreform stieg insgesamt der Anteil der landwirtschaftlichen Eigenbetriebe von 33% auf 93% und deren Fläche von 26% auf 90%.[8] Der Rest der Betriebe waren Pacht- oder eine Mischung von Eigentums-und Pachtbetrieben.
Die Bodenreform stellte 25 Prozent der Landarbeiter frei, da beim Landkauf die früheren Anteilspächter bevorzugt wurden.[9] Die bis dahin wie Leibeigene gehaltenen Knechte und die Saisonarbeiter[10], die mit ihren Angehörigen ein Viertel der Bauernfamilien

Die Bodenreform war die Vorstufe der Industrialisierung des Iran, die auf ein sektoral unausgewogenes Wachstum hinauslief. So wurde der Industriesektor auf Kosten des Agrarsektors ausgebaut. Unzureichend vorhandenes Humankapital und eine mangelhafte Infrastruktur führten schon damals zu Engpässen bei der Industrialisierung des Landes.

---

7 Vgl.Ferdowsi,M.A.,a.a.O.S.289

8 Aschraf, Ahmad : *Dehghan,Samin wa Enghelab* [Bauer, Land und die Revolution],S.14, zit nach:Sodaghar,M.R.a.a.O.286

9 Ritter, W. : Der Iran unter der Diktatur des Schah-Regimes, 1979,. S.62

10 *khosch-necshin*

Anhang III: Inflationsrate im Iran 1979-96

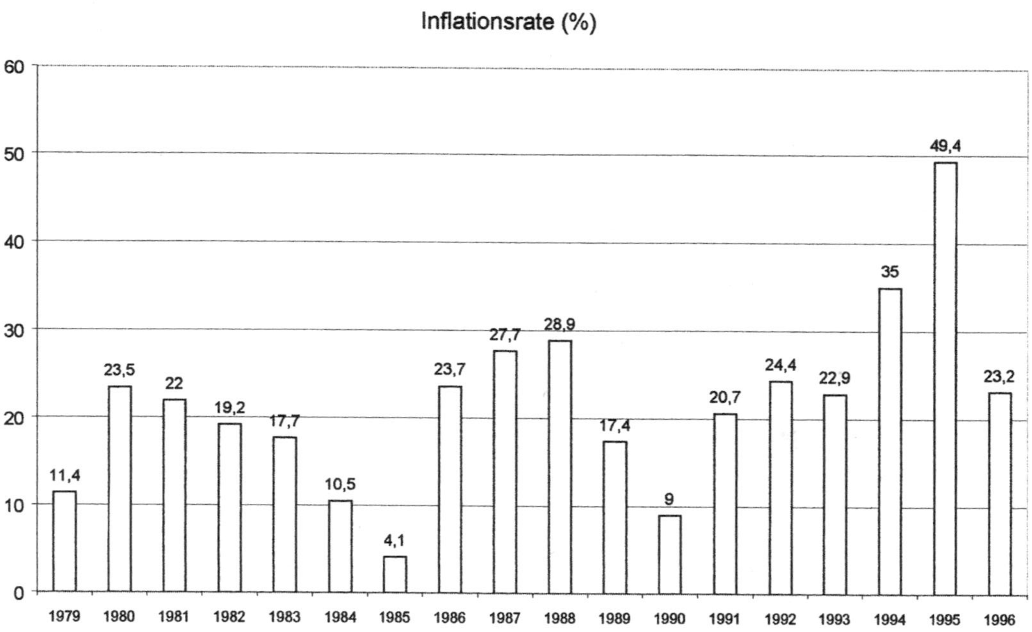

Quelle: Jahresberichte der iranischen Zentralbank, verschiedene Jahrgänge

Anhang IV:

Der Anteil der Erdöleinnahmen an den Staatseinnahmen, am BSP und an den Deviseneinnahmen

Anteil der Eröleinnahmen	1955	1963	1972	1973	1974	1975	1976	1980	1982	1984	1986	1988	1990	1992
an den Staatseinnahmen	21,2	58	54,7	63,1	60,1	76,6	75,5	62,1	62,6	45,8	21,5	32,4	41,8	52,0
am BSP	0,1	9,9	17,9	30,3	42,0	39,6	38,0	12,3	18,4	13,4	13,7	18,6	20,6	19,7
an den Deviseneinnahmen	25,0	73,0	76,0	81,4	93,0	87,3	84,7	81,1	92,1	92,1	83,7	89,3	93,2	84,9

Anhang V: Islamische Bankgeschäfte

a) ***Qarz-al-hasaneh***: Hierbei handelt es sich um einen Kreditvertrag, der aus Wohltätigkeitsgründen zustande kommt, der Kreditnehmer verpflichtet sich, nach Ablauf einer Frist den ursprünglichen Betrag ohne einen Zuschlag zurückzuzahlen. Der Kreditgeber übernimmt die geringen Bearbeitungsgebühren. Diese Kreditform wird begrenzt nur für bestimmte Zwecke vergeben. Ihrer Anteil am Gesamtkredit der Banken betrug 1988 nur 7,5%.[1]

b) ***Musharakah*** ist die Kapitalbeteiligung mehrerer Partner an einer Investition.[2] Hierbei beteiligt sich die Bank mit ihren eigenen und den Mitteln der Anleger an Investitionen. Die Beteiligten werden im Verhältnis zu ihren Anteilen am Gewinn beteiligt. Wenn dabei ein Verlust entsteht, wird er von allen Beteiligten gemeinsam getragen.[3] Die Musharekah-Finanzierung ist am Wertpapiermarkt vor allem am Aktienmarkt verbreitet.

c) ***Mozarebeh*** ist ein Kreditvertrag zwischen der Bank und dem Kreditnehmer, der dem Ausbau des Handels dienen muß. Die Bank stellt das Kapital zur Verfügung und der Kaufmann setzt seine Arbeit ein. Die Gewinnbeteiligung wird per Vertrag geregelt. Vor allem Exporteuren werden solche Kredite gewährt. Für Importzwecke kann diese Kredit nicht verwendet werden. Mozarebeh-Kredite stellten 1988 15% der Gesamtkredit der iranischen Banken dar.[4]

d) **Ratenverkauf**: Die Banken sind ermächtigt, drei Warengruppen zu erwerben und sie in Raten weiter zu verkaufen, nämlich: 1)Rohstoffe und Ersatzteile 2)Anlagen und Maschinen 3)Häuser. 53% der Ressourcen der Banken wurde 1988 in dieser Form verwendet.

e) ***Salaf*** (Voreinkauf): Durch *Salaf*-Vertrag ist die Bank berechtigt, die Produktion eines Betriebes im voraus zu kaufen. Die *Salaf*-Transaktionen sollen dazu dienen, die Liquidität der Betriebe zu sichern. 1988 wurde 5% der vom Bankensystem gewährten Kredite in dieser Form abgewickelt.

f) ***Mozareeh*** (Farmleasing): Hierbei schließen die Banken mit den Bauern über deren landwirtschaftliche Betriebe Leasingverträge ab. Die Banken stellen den

---

[1] Akhawi, Ahmad: *Eghtezad-e Kalan* [Makroökonomie], Teheran 1992, S.485

[2] Balaghi-Mobayen,a.a.O,S.129

[3] Vgl. Derselbe,S.130

[4] ebenda

Bauern zusätzlich Kredite, Saatgut und chemische Düngemittel zur Verfügung. Die Einnahmen werden später zwischen den Vertragspartnern geteilt.[5]

g) ***Masaghat*** (Obstgarten-Leasing): Der Leasingvertrag wird zwischen Banken und Obstbauern geschlossen. Der Obstgarten gehört entweder der Bank oder steht ihr als Pfandobjekt aus einem anderen Vertrag zur Verfügung.

h) ***Dschoaleh*** (Dienstleistungsvertrag): Das ist eine Banktransaktion, bei der die Bank oder der Kunde sich verpflichtet, gegen eine bestimmte Summe eine Dienstleistung zu gewähren. In der Praxis fallen alle nicht andersartig verfaßten Transaktionen darunter. Dazu gehören z.B. Geldüberweisungen oder Barzahlungen für handelbare Papiere.

i) **Direktinvestition**: Hierbei investiert eine Bank oder mehrere Banken zusammen direkt in ein Projekt. Die folgende Tabelle zeigt die Bedeutung der wichtigsten Formen der islamischen Bankgeschäfte im Iran.

Instrumente des islamischen Bankwesens im Iran 1984-93 (Mrd. Rial)

	1984	1985	1986	1987	1988	1989	1990	1991	1992	1993
Ratenverkauf	247	604	990	1657	2454	3489	5470	7668	9948	12487
Mozarebeh	135	294	429	491	570	802	1142	1582	1812	2093
Moscharekeh	109	244	384	539	609	959	1261	2901	3758	4831
Salaf	27	59	109	151	255	497	589	809	1424	1924
Direktinvestition	4	66	74	64	67	98	143	212	409	726
Dschoaleh	3	26	38	71	144	384	740	1142	1291	1665
Gharz-ol Hasaneh	78	199	321	412	507	564	640	682	776	1289

Quelle: Jahresberichte der Zentralbank der islamischen Republik Iran

[5] s. auch: Amuzegar, J. a.a.O., S. 108

Anhang VI:

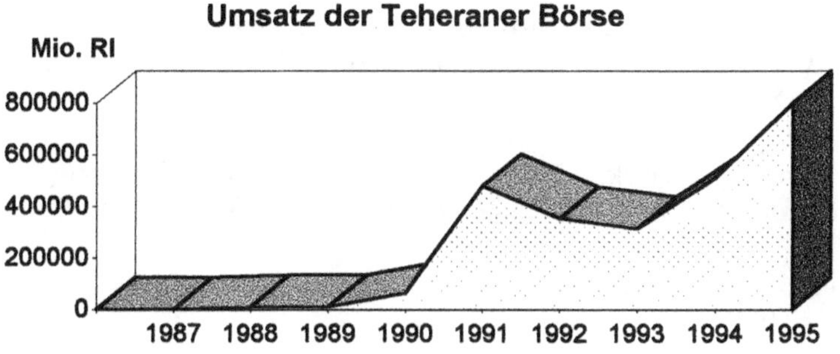

Quelle: Eigendarstellung nach Angaben von Bolurian Tehrani, M. zit. nach Berichten der Teheraner Börse, für das Jahr 1995 wurde der Umsatz geschätzt.

Anhang:VII

Jahr	Laufende Ausgaben	Investitionsausgaben	Gesamtausgaben
1977	1430	1062	2492
1978	1515	693	2208
1979	1588	640	2228
1980	1728	570	2403
1981	2032	675	2861
1982	2253	915	3367
1983	2524	1149	3396
1984	2476	878	3632
1985	2560	765	3616
1986	2389	746	3437
1987	2900	729	4066
1988	3387	816	4702
1989	3394	816	4210
1990	4285	1766	6051
1991	5564	2527	8091
1992	7784	3192	10976
1993	13784	7018	20802

Quelle: Jahresberichte der iranischen Zentralbank, verschiedene Jahrgänge

Literaturverzeichnis

Berkscheli, Fereidun: *Egtezad, mohemtarin Tachalesch-e Dolat-e Chatami* [Wirtschaft: Chatmis wichtigste Herausforderung], in: Ettela'at International, Nr. 851, 30.10.97, S. 9

Homman, Karl /Suchanek, Andreas: Methodologische Überlegung zum ökonomischen Imperialismus, in: Analyse & Kritik, 11 (1989), S. 70-93

Central Bank of the Islamic Republic of Iran: Economic Trends, No. 5, Second Quarter, 1375 (1996)

Jones, Eric L.: Cultur and ist relationship to economic change, in: Journal of Institutional and Theoretical Economics (JITE) 151/2 (1995), S. 269-285

Massarat, Mohssen: Aufstieg des Okzidents und Fall des Orients, in: Massarat, Mohssen (Hrsg.): Mittlerer und Naher Osten, Geschichte und Gegenwart, Eine problemorientierte Einführung, Münster, 1996

Motabaher, Hossein: Vom Nationalstaat zum Gottesstaat, Islam und sozialer Wandel im Nahen und Mittleren Osten, Berlin, 1995

Rezai, Adnan: Evaluation of protective policies in Iran's car manufacturing industrie, in: The Journal of Planing and Budgetting, Nr. 3, 1997

Abbas: An Evaluation of the Impact of Rial Devaluation on capital and Intermediary Goods Imports in the Industrial and Mining sector, in: Monthly Business Surveys, Nov. 1994

Abrandabadi, H.: *Mohemtarin Amel-e Tawarom dar Eghteßad-e Iran wa Rahay-e Mobarezeh ba an* [Die wichtigste Ursache der Inflation im Iran und die Wege zur Bekämpfung der Inflation], in:*Resalat*, Nr. 2604, *14 Dey 1373*, S.6

Abrandabadi, H: *Aya Moschkele Tozii Kambode Makan ast?* [Ist der Platzmangel das wichtige Problem des Vertriebssystems?], in : *Resalat* vom *14.09.1373* [05.12.94] ,S.15

Adelli,Mohamad Hossin:*Tahawolat-e Eqtezadi seh Saal 1368-1370* [Wirtschaftsentwicklung in den drei Jahren 1989-91],in:Gosstaresche Sanate Sangin,1372[1993],Nr.162

Adjilbolosoo, S. B.-S.K.: The Human Factor in Development, in: Scandinavian Journal of Development Alternatives 12 (4) 1993, S. 139-149

Adjilbolosoo, S. B.-S.K.: The Significance of the Human Factor in African Economic Development, in: S.B.-S.K. Adjibolosoo, ed., The Significance of the Human factor in African Economic Development, NY 1995

Akhawi, Ahmad: *Eqtezad-e Kalan* [Makroökonomie], Teheran, 1371 [1992]

Al-Mabrouk, Saud Abdulaziz: Dutch Disease in a small open economy: The case of oil in Saudi Arabia, Diss. 1991, Colorado University

Amirahmadi,H.: Revolution and Economic Transition,1990

Amirahmadi, H: An Evaluation of Iran's First Development Plan and Challenges facing the Second Plan, in: Iran Nameh, Nos. 1-2, Bethesda (USA), 1994

Amirahmadi, Hoshang: *Daramadi bar Dschameh madani dar Iran-e Emruz*, [Eine Einführung in die heutige zivile Gesellschaft des Iran], in: *Iran-e Farda, Mehr 1375* [Sep./okt. 1996

Amuzegar, Jahangir: Iran's Economy under the Islamic Republic, NY 1993

Amuzegar, Jahnagir: The Dynamics of Iranian Revolution, 1991

Asghari, M. Reza: Iran vor den Parlaments- und Präsidentschaftswahlen, in: Handelsblatt vom 28.2.96, S.12

Azimi, Hossin: *Medarhaye toßeeh nayaftegi dar eqtezade iran,1371* [Die Zyklen der ökonomischen Unterentwicklung im Iran, Teheran,1992], S.92

Balaghi-Mobayen,M.: Die wirtschaftliche Entwicklung des Iran seit dem zweiten Weltkrieg unter dem Gesichtpunkt der außenwirtschaftlichen Verflechtungen, Pfaffenweiler 1992

Bender, Dieter: Entwicklungspolitik, in: Bender/Berg u.a. (Hrgs.): Vahlens Kompendium der Wirtschaftstheorie und Wirtschaftspolitik, Band 2, 1990

Bolurian Tehrani, M.: *Negahi be Burss-e Oragh-e Bahadar dar Iran* [Ein Blick auf die Wertpapierbörse im Iran], in: Monthly Business Surveys, July 1995, Nr. 98, S. 51ff

Bruno, M./Sachs, J.: Energy and Resource allocation: A Dynamic Model of the Dutch Disease, in: Review of Economic Studies, Vol. 64, 1982, S. 845-859

Bundesministerium für wirtschaftliche Zusammenarbeit (BMZ): Islamische Bewegungen und deutsche Entwicklungspolitik, BMZ aktuell Nr. 009, November 1991

Bundesstelle für Außenhandelsinformation, (bfai): Geschäftspartner Iran, Köln, 1992

Bundesstelle für Außenhandelsinformation (bfai): Iran am Jahreswechsel 1991/92, Köln

Bundesstelle für Außenhandelsinformation (bfai): Iran am Jahreswechsel 1992/93, Köln

Bundesstelle für Außenhandelsinformation (bfai): Iran am Jahreswechsel 1993/94, Köln

Bundesstelle für Außenhandelsinformation (bfai):Wirtschaftsdaten aktuell-IRAN-, Köln, April 1993

Bundesstelle für Außenhandelsinformation (bfai): Wirtschaftsstruktur und –Entwicklung, Köln, 1995

Bundesstelle für Außenhandelsinformation (bfai): Wirtschaftsdaten aktuell, Iran, Köln, August 1997

Cassel, Dieter: Inflation, in: Vahlens Kompendium für Wirtschaftstheorie und Wirtschaftspolitik, Band I, München 1992

Corden; W. Max/Neary, J. Peter: Booming sector and de-industrialisation in a small open economy, in: The Economic Journal, Vol. 92, 1982

Cordon, W. M.: Booming Sector and Dutch Disease Economics: Survey and Consolidation, in: Oxford Economic Papers, Vol. 36, 1984, S. 359-380

Cuddington, J. T/Al-Mutawa, A.: The welfare effects of oil booms in a protypical small Gulf State, in: OPEC Review, 18 (1994), 3, S. 245-263

Darwisch Tawangar,A.: *mowafagiat-e dolat* [Der Erfolg der Regierung], in: *Resalat* vom *6. khordad 1374* [27.05.1995], S.1

Das Grundgesetz der islamischen Republik Iran, Herausgegeben vom islamischen Parlament, Teheran, *24. Aban 1358* [14. November 1980], S.26

Dastmalchi, Parviz: *Payehay-e Domokrassi* [Die Grundzüge der Demokratie], Berlin 1993, S. 81-93

Dawudi, Parwiz: *Gerani, Tamoli Rischenegar* [Verteuerung, ein Blick in die Wurzeln], in: Madschleß wa Pazhuhesch, Nr. 12, 1373 [1994]

Dori Najafabadi (Vorsitzender des Haushaltsausschusses des islamischen Parlements) in: MEED, 5. Februar 1993

Dresdner Bank, Außenhandelsnachrichten, Nr. 9 Sep. 1994

El-Erian: Multiple Wechselkurse, Die Erfahrung arabischer Länder, in: Finanzierung & Entwicklung, Dezember 1994

Elsner, Wolfram: Institutionen und ökonomische Institutionentheorie, Begriffe, Fragestellung, theoriegeschichtliche Ansätze, in: WiSt Heft 1, Januar 1987, S. 5-14

Etelaat(Wirtschaftsbeilage), *1366* [1987], Nr.8, S.3

Fardmanesh, M.: Terms of Trade shocks and structural adjustment in a small open economy, Dutch Disease and oil price increases, in: Journal of Development Economics, 1990 (11) 34, S. 339-353

Ferdowsi, Mir A.: Islamischer Fundamentalismus- Im Kampf der Kulturen oder Krise der Entwicklung?, in: Journal für Entwicklungspolitik, XI. Jg.,Heft 4, 1995, S. 481-500

Ferdowsi,M.A.: Iran, in: Handbuch der Dritten Welt, Nohlen, D.u.a.(Hrsg.), 1983

Finanzsysteme und Entwicklung, in: Finanzierung & Entwicklung, September 1989, S. 2f

Frey, B.S.: Internationale Politische ökonomie, München 1985

Furubotn, E.G./Richter, R.: The New Institutional Economics, Tübingen 1991

Gholamasad Dawud: Iran-Die Entstehung der Islamischen Revolution,1985

Graham, Robert: Iran- Die Illusion der Macht, Berlin 1979

Gregory, R.G.: Some Implications of the Growth of the Mineral Sector, in: Australian Journal of Agricultural Economics, 1976, Vol. 20, S.71-99

Grosser, Joachim: Transaktionskostenansatz der Neuen Institutionenökonomik, in: Seifert, E.K./ Priddat, B.P.: Neuorientierungen in der ökonomischen Theorie, Marburg 1995, S. 241-270

Haddad, L: Open door policy and the industrialisation in Iran, in: Journal of Contemporary Asia (Manila), 24 (1994)1

Hagdju,Nasser,Kheßarat-e Dschang-e Tahmili [Die Schaden der gezwungen Krieges], in:Iran-e Farda,1372[1993],Nr.8,S.22ff

Handelsblatt: IRAN/..: vom 4.11.1988

Handelsblatt: Die Liberalisierung gerät ins Stocken,Nr.198, vom 13. Okt.1992

Handelsblatt: Khomeini öffnet den Radikalen eine Tür, vom 24.2.1988

Handelsblatt: Religiöse und soziale Stiftungen dominieren die Wirtschaft, vom 31.10.92, S.11

Handelsblatt: Ehrgeiziges Wachstumsziel, vom 7.Feb.1990

Handelsblatt: Der Streit um die Koran/Auslegung hat die Wirtschaft in eine Sackgasse geführt, vom 31.März 1988

Hemmer, H. R./Wilhelm, R.: Neue Hoffnung für die Entwicklungsländer?, Entwicklungspolitische Implikationen endogener Wachstumstheorien, in: E+Z Entwicklung und Zusammenarbeit, Jg. 37, Nr. 2, 1996, S. 40ff

Holiday, F.: Iran-Analyse einer Gesellschaft in Entwicklungskrieg, Berlin 1979

Hunziker, Ernst: Das weltliche im Islam, Zürich, 1995

Offizielle Deutsch-Iranische Industrie- und Handelskammer zu Teheran: Tips aus Teheran, 11/12 1992

Offizielle Deutsch-Iranische Industrie- und Handelskammer zu Teheran: Tips aus Teheran, 3/4 1993

Imani Rad, M. : *gerani, geranforuschi wa tawarom* [Verteuerung, Preistreiberei und Inflation], in: Madschleß wa Pazhuhesch, Nr:12, 1373 [1994]

Karbasian, Aliakbar, in: *Gosaresch, Tir 1375* (Juli 1996)

Karshenas, Masoud, Structural adjustment and the prospects of the Iranian economy, University of London, September 1995, persische Übersetzung, *Tadiel-e Sakhtari wa Tschemandazhay.e Egtezadi Iran*, in: Dschameeh Salem, Azar 1374, Nr.23, S. 37ff

Karshenas, Massoud: Oil, State and Industrialisation in Iran, Cambridge 1990

Katuzian, Homayon: *Eghtezad-e Siassi-e Iran* [Politische Ökonomie des Iran], Teheran, *1372* [1993]

Khamooschi: *Tcshera Nerkhe Arz afzayesch yaft?* [Warum stieg der Wechselkurs an?], in: *Resalat* vom 11.12.1372 (2.3.94), S.15

Khatami, *Hodschatol Eslam:* Vortrag im Seminar über „Freiheit und Entwicklung" im Institut der Geisteswissenschaften der Universität Teheran, Mai 1996, in: Keyhan(London), Nr. 610, 13.06.96, S. 7

Kirsch, G.: Neue politische Ökonomie, Düsseldorf 1983

Kooroshy, J.: Zwischen Theokratie und Moderne, Politische Kräfteverhältnis im Iran, in: Blätter zur internationalen und deutschen Politik, Jg. 41, Heft 10, 1996, S. 1242

Kooroshy, Javad: Die wirtschaftliche Dimension der deutsch-iranischen Sonderbeziehung, in: Blätter für deutsche und internationale Politik 42 (1997) 1

Kooroshy, Javad: Wirtschaftsordnung der islamischen Republik Iran, 1990

Kruegr, Anne: Importsubstitution versus Exportförderung, in: Finanzierung und Entwicklung, 22/1985, S. 20-23

Küppers, Stefan: Die islamische Republik Iran, Frankfurt am Main, 1990

Landell-Mills, P. & Serageldin, I.: Regierungsführung und Entwicklungsprozeß, in: Finanzierung & Entwicklung, September 1991, S. 14ff

Lang, Franz Peter: Exportboom und Deindustrialisierung, Hamburg, 1988,

Langlois, R.N.: Economics as a process, Essays in the new Institutional Economics

Lautenschlager,Wolfgang: The effect of an overvalued exchange rate on the iranan economy, in: International Journal of Middle East Studies,1986, Nr.18

Levine, Ross: Aktienmärkte; Ein Motor für das Wirtschaftswachstum, in: Finanzierung & Entwicklung, März 1996,

Lizondo, J.S.: Multiple Wechselkurse, in: Finanzierung & Entwicklung, Dezember 1995

Long, Ngo Van: On the Short-Run and Long-Run Effects of a Resource Boom, in: Siebert, H. (Hrsg.), The resource sector in an open economy, Berlin 1984, S. 17-45

Lüders, Michael: Mit dem Koran in die Moderne, in: Die Zeit, Nr. 52, 22. Dezember 1995, S. 25f

Manategh-e Asad, Saal-e no wa Niazhay-e no [Freie Zonen, Neues Jahr und die neue Bedürfnisse], in: Manategh-e Azad, Farwardin 1374 [April 1995], Nr. 50

Manategh-e Azad, Tscheschm andaz-e Ayandeh wa tarh-e Didgahhay-e tazeh [Freie Zonen, Zukunftsperpektiven und neue Ansichten], in: Manategh-e Azad, Esfand 1373 [March 1995], Nr.49, S.7f

Maschayekhi, Alinagi, *Towßeeh-e Egtezadi bar Payeh Naft bar Aßass-e Systemhaye Dinamiki* [Wirtschaftsentwicklung auf der Basis des Erdöls und der dynamischen Systemen], Teheran *1361*, [1982]

Mehregan, Nader: *sakhtar-e egezadi-e saderate iran* [Die ökonomische Struktur des iranischen Exportes], in: Baressihaye Bazargani, Nr. 91, *1373* [Dez. 1994]

Mehregan,Nader,*Arzyabi-e Siassate taknekhi kardan-e Arz az Didgah-e Tolid* [Eine Beurteilung der Vereinheitlichung des Wechselkurses aus dem Gesichtpunkt der Produktion], Baressiha-e Bazargani, Mordad 1372 (Jul./Aug. 1993), Nr.75, S.13ff

Menzel, Ulrich: Die neue Weltwirtschaft. Entstofflichung und Entgrenzung im Zeichen der Postmoderne, in: Peripherie, Nr. 59/60, 1995

Messner, Dirk u.a. : Internationale Wettbewerbsfähigkeit- neue Anforderungen, in: Systemische Wettbewerbsfähigkeit; Deutsches Institut für Entwicklungspolitik (DIE), Berlin 1994

Messner, Dirk u.a., Systemische Wettbewerbsfähigkeit und Entwicklung, in: E+Z Entwicklung und Zusammenarbeit, Jg. 36, Nr. 10, 1995, S. 256f

Messner, Drik: Die Netzwerkgesellschaft, Wirtschaftliche Entwicklung und internationale Wettbewerbsfähigkeit als Probleme gesellschaftlicher Steuerung, Köln 1995

Meyer, Willi: Entwicklung und Bedeutung des Property Rights-Ansatzes in der Nationalökonomie, in: Schüller, Alfered: Property Rights und ökonomische Theorie, 1983, S. 1-44

Mirakhor, A: Grundlagen und Praxis des islamischen Bankwesens, in: Finanzierung & Entwicklung, September 1986, S.35ff

Mirdjalili, Seyed Hossin : *Rawand Takwin-e Bankdary-e bedon-e Reba dar Eslam* [Die Entwicklung des zinsfreien Bankwesen im Iran], in: *Rawand*, .Nr.12/13, 1994, S. 75

Mohaghegh,F.,*Elal wa Awamwl-e Bikari dar Iran* [Die Ursachen und Elemente der Arbeitslosigkeit im Iran], in: Ketab-e Djomeh,1980,Nr.21

Mohamdai Almuti, M.: *Tschaschm andaz-e Manategh-e azad dar Iran* [Die Perspektiven für die freien Handelszonen im Iran], in: Business Surveys, October 1994, Nr. 89

Motowasseli, M.: *Etedal wa Dschamnegari dar Konrole Tawarom wa Gerani* [Strukturanpassung und eine ganzheitliche Betrachtung der Inflation], in: *Baressihay-e Bazargani*, Nr. 91, *Azar 1373* [Dez. 1994]

Nafiger, E. Wayne: The Economics of Developing Countries, 1990

Nitsch, Manfred: Vom Nutzen des institutionellen Ansatzes für die Entwicklungsökonomie, in: Körner, Heiko (Hrsg.), Zur Analyse von Institutionen im Entwicklungsprozeß und in der internationalen Zusammenarbeit, Berlin 1989, S. 37-52

North, D.C.: Institutionand Economic Growth: An Historical Introduction, in: World Development, No. 9, 1989, S. 1319-1331

North, Douglass C.: Institutions, Institutional Chnage and Economic Performance, 1990

North, Douglass C.: The New Institutional Economics, in: Journal of Institutional and Theoritical Economics, Nr. 142, 1986

North, Douglass: Structure and Change in Economic History, NY 1981

Nowshirwani, Vahid: The Fate of the Structural Adjustment Program, in: *Iran Nameh*, Nos. 1-2, Bethesda (USA) 1994

Nugent, J.B./Lin, J.Y.: Institutions and Economic Development, in: Behrman, J./Srinivasan, T.N.: Handbook of Development Economics, Vol. IIIa

Ötsch, Walter: Die Herausforderung des Konstruktivismus für die ökonomische Theorie, in: Priddat, Birger P./Wegner G. (Hrsg.): Zwischen Evolution und Institution, Neue Ansätze in der ökonomischen Theorie, Marburg 1996

Pack, Howard: Industrialisation and Trade, in: Chenery, H./Srinivasan, T.N.: Handbook of Development Economics, Vol. I

Parsa, Davoud: Analysing Protectionism in Iran, in: Ettela'at Siasi-Eghtesadi, Vol. 8, Nr. 81/82, S.83

Petrossian,V.:Surviving without the Imam,in:MEED,2 March 1990,S.III

Priddat, Birger P.: Die Zeit der Institutionen: Regelverhalten und rational choice, in: Priddat, Birger P. (Hrsg.): Zwischen Evolution und Institution, Neue Ansätze in der ökonomischen Theorie, Marburg 1996, S.11-34

Radschi-Salmassi (Vorsitzender der Teheraner Wertpapieroraganisation) in Interview mit *Resalat* vom *11.Bahman 1374* [31.01.1996], S. 23

Rafati, M.Reza, *Nagd wa Baressi-e taknehki schodan-e Arz* [Eine Kritik und eine Studie über die Vereinheitlichung des Wechselkurses],in:Baressiha-e Bazargani,Aban 1372, (Okt./Nov. 1993) Nr.78

Rahimi, A.:The structure of Protectionist Policies prior to 1370 [1991], in: Business Surveys, January 1995

Rahimi, Abas: *baressi-e sachtar-e hemayat dar siastathay-e basargani-e Iran* [Analyse der Strukturprotektion im iranischen Außenhandel], in: Business Studies, Teheran Feb.1995, Nr. 93

Rasaghi, E. *Egtezda-e Iran* [Die iranische Wirtschaft], Teheran *1367*, 1988

Raschidi, Ali :*Tahawolate Eqtezadi ,Wahede Pool wa Nerche Barabariye dar Iran* [Wirtschaftsentwicklung, Währung und Wechselkurs im Iran] in: Etelaat (Wirtschaftsbeilage), *1371*[1992], Nr.59/60, S.98

Raschidi, Ali, in: *Salam vom 30.11.95*, S.8

Raschidi,A.,*tahawolate eqtezadi iran bad az engelabe eslami* [Die Wirtschaftsentwicklung des Iran nach der islamischen Revolution], in: Etelaat (Wirtschaftsbeilage),Nr.65/66,S. 80ff

Raschidi,A.,u.a.: *gharar ast dar eqtezad Iran Etefaghi beyoftad* [Was wird in der iranischen Wirtschaft geschehen], in: Djameeh Salem,1371, Nr.7, S.22ff

Raschidi,Ali: *Tahawolate Eqtezadi Iran dar Doreyeh bad as Enghelab(1357-1361)* [Die Wirtschaftsentwicklung des Iran in der Periode nach der Revolution 1978-1982], in:Etelaat (Wirtschaftsbeilage), *1372* [1993] Nr. 67/68

Reuter, Nobert: Der Institutionalismus, Geschichte und Theorie der evolutionären Ökonomie, Marburg 1996

Richter, Rudolf/Furubotn, Eirik G.: Neue Institotionenökonomik, Tübingen 1996

Ritter,W.: Der Iran unter der Diktatur des Schah-Regimes, 1979

Romer, P.M.: Enogenous technological change, in: Journal of Political Economy, Vol. 98, 1990, S. 71-102

Romer, P.M.: Increasing returns and long-run growth, in: Journal of Political Economy, Vol. 94, 1986

Rouleau, Eric: Intellektuelle, Laizisten und Feministinnen im Aufwind, in: die tageszeitung vom 7. Juni 1995

Sadigh, Nedjatolah: *Bankdary bedon-e Bahre* [Zinsfreier Bankwesen], in: *Dschomhury Eslami* vom *21.07.1358*

San'at-e Haml-o Naghl, Nr. 136-137, Farwardin 1374 [März 1995], S. 23

Schirazi, Asghar: Islamic Development Policy; The Agrarian Questioin in Iran, Colorado 1993

Schneider, F: Prisoner's Dilemma, in: WiSt, Heft 12, 1979, S. 586-588

Seiter, Stephan: Neue Ansätze in der Wachstumstheorie, in: Flemmig, J. (Hrsg.): Moderne Makroökonomik- Eine kritische Bestandsaufnahme, Marburg 1995, S. 97ff

Sell, Friedrich L.: The Dutch-Disease, Anpassungsprozesse als Folge eines Ressourcenbooms, in: WiSt, Nr. 5, 1988, S. 289-294

Shams, Rasul: Investment, finance and the new theories of economic growth, in: Fischer, Bernhard (ed.): Investment and Financing in Developnig Countries, HWWA Hamburg, 1994, S. 10-29

Sodagar, M.R.: *Roschd-e Rawabet-e Sarmayedari dar Iran 1342-57* [Der Entwicklung der kapitalistischen Strukturen im Iran 1963-1978], Teheran *1369*, [1990]

Soruschim Interview mit *Farhang-e Towsee*, Nr. 10, *Bahman wa Esfand* 1372 [Jan/Feb 1994]

Sorush, Abdul-Karim: Im Meer der Deutungen, in: Die Zeit, Nr. 52, 22. Dezember 1995, S. 28

Statistisches Bundesamt: Statistisches Jahrbuch 1996, Wiesbaden

Tawangar, A.: *Tasswiri az Tawarom-e Mudschud* [Ein Bild von der gegenwärtigen Inflation], in: *Resalat,* 5.10.94 [*13 Mehr 1373]*

Tibi, Bassam: Der Islam und das Problem der kulturellen Bewältigung sozialen Wandels, Frankfurt am Main, 1985

Tibi, Basam: Islamischer Fundamentalismus, moderne Wissenschaft und Technologie, Frankfur a.M. 1992

Tibi, Bassam: Schwache Institutionalisierung als politische Dimension der Unterentwicklung, In. Verfassung und Recht in Übersee, Bd. 13, 1980, S. 3-26

Valibeigi, Mehrdad: Islamization of the economy, the post-revolutionary Iranian experience, Washington 1991

Verfassung der Islamischen Republik Iran, in :Iran und die islamische Republik, Heft Nr.6, 1980, S.59

Wagner, Helmut: Entwicklungsökonomie, in: WiSt, Heft 3, 1996

Wagner/Kaiser/Beimdiek: Ökonomie der Entwicklungsländer, Stuttgart, 1989

Wagosari-e Faaliathaye Eqtezadi-e Bachsche Omomi dar Iran [Transformation von Wirtschaftsaktivitäten der öffentlichen Sektors in den privaten Sektor im Iran] , in: Etelaat (Wirtschaftsbeilage), *1372* [1993], Nr.73/74

Weiss, Dieter: Die Entwicklungsländer vor der Dritten Industriellen Revolution, in: Opitz, Peter J.(Hrsg.): Grundprobleme der Entwicklungsländer, 1991, S. 211-221

Weltbank: Weltentwicklungsbericht 1989

Wernick, Christian: Die Dritte Welt rückt näher, in: Die Zeit, vom 26.07.96

Willms, Manfred: Währung, in: Vahlenskompendium für Wirtschaftstheorie und Wirtschaftspolitik, Band I, München 1992

Yazdi, Ebrahim: *Mohandeß Bazargan; nim Garn talasch dar arße ßiassat wa andische dini* [Bazargan: Ein halbes Jahrzehnt Anstrengung in den Gebieten der Politik und des religiösen Denkens], in: *Kyan,* Nr.23, *1373*

Yokohama, Hisashi: Export-led industrialization and the Dutch-Disease, in: The Developing Economies, December 1989, S. 427-445

Zangeneh, Hamid/Salam, Ahmad: An Analytical Model of an Islamic Banking Firm, in: Bina/Zangeneh (Hrsg.): Modern Capitalism and Islamic Ideology in Iran, London 1992

Zareyi, Mohamad Reza: *Burss-e Oraghe Bahadar wa Tscheschm andaz-e an* [Wertpapierbörse und ihre Perspektiven], in: Rawand, Nr. 3, Winter 1990 [*1369*]

Zentral Bank vom Iran: *Hessabhaye Melli e Iran,1338-1356* [Nationale Statistiken des Landes,1959-1977]

Zentral Bank vom Iran: *Baressi Tahawolate Eqtezadi Keschwar bad as Enghelab,1361* [Eine Studie über die Wirtschaftsentwicklung des Landes nach der Revolution,1982]

Zentral Bank vom Iran: *Gosaresche Eqtezadi 1368* [: Wirtschaftsbericht 1989]

Zentral Bank vom Iran: *Gosaresche Eqtezadi 1369* [Wirtschaftsbericht 1990]

Zentral Bank vom Iran: *Gosaresche Eqtezadi 1370* [: Wirtschaftsbericht 1991]

Zentral Bank vom Iran: *Gosaresche Eqtezadi 1371* [Wirtschaftsbericht 1992]

Zentral Bank vom Iran: *Gosaresche Eqtezadi 1372* [: Wirtschaftsbericht 1993]

Zentral Bank vom Iran: *Gosaresche Eqtezadi 1373* [Wirtschaftsbericht 1994]

Zentral Bank vom Iran: *Kholaße-h tahawolat-e eghtezadi-e keschwar 1372* [Eine Zusammenfassung der wirtschaflichen Entwicklung des Landes 1993]

Zentral Bank vom Iran: *Gosaresche Eqtezadi 1374* [Wirtschaftsbericht 1995]

Persische Zeitschriften

Barnameh wa Budscheh
Baressihay-e Bazargani
Dschameh Salem
Etelaat-e Siassi-Egtezadi
Gosaresch
Iran Nameh
Iran-e Farda
Madschleß wa Pazhuhesch
Manateg-e Azad
Rawand
Sa'nat-e Haml-O Nagl
Saanat-e Sangin
Tadbir

Persische Zeitungen

Hamshahri
Keyhan (Teheran)
Keyhan (London)
Resalat
Salam

Peter Lang · Europäischer Verlag der Wissenschaften

Erich Hödl / Andreas Weida

Die Strukturpolitik der Europäischen Union

Eine Untersuchung ihrer Konsistenz im Hinblick auf die Verwirklichung einer Wirtschafts- und Währungsunion

Frankfurt/M., Berlin, Bern, New York, Paris, Wien, 1997.
XVIII, 444 S., zahlr. Tab.
ISBN 3-631-32046-9 · br. DM 98.–*

Die Analyse des strukturpolitischen Instrumentariums der EU kann sich nicht auf ein herkömmliches Effizienzkriterium beschränken. Erst recht lassen sich aus ablehnenden Äußerungen radikalliberaler Herkunft keine hinreichenden wirtschaftspolitischen Handlungsanweisungen ableiten. Die Arbeit zeigt vor dem Hintergrund eines umfassenden, instrumentellen Wettbewerbsverständnisses auf, welche Vorteile ein regelgebundenes Eingreifen haben kann, wenn man akzeptiert, daß die EU sowohl Wachstum als auch Kohäsion anstrebt. Hieraus ergeben sich allerdings erhebliche Kritikpunkte an der bisherigen Konzeption der Kommission. Wenn auch auf den ersten Blick die Stabilitätserfordernisse der Währungsunion und das politisch propagierte Vertrauen auf die Marktkräfte den Raum für aktive strukturpolitische Steuerung einengen, so erweisen sich doch regelgebundene Eingriffe umso mehr als notwendig.

Aus dem Inhalt: Wirtschaftsintegration und strukturelle Disparitäten · Begründungszusammenhänge der Strukturpolitik · EU-Regionalpolitik · Sektorale Strukturpolitik · Agrarpolitik · Sozialpolitik · Querschnittsbereiche · Anpassung und Fortentwicklung der Konzeption

Frankfurt/M · Berlin · Bern · New York · Paris · Wien
Auslieferung: Verlag Peter Lang AG
Jupiterstr. 15, CH-3000 Bern 15
Telefax (004131) 9402131
*inklusive Mehrwertsteuer
Preisänderungen vorbehalten

Kolibri 360 GmbH
Ferdinand-Jühlke-Straße 7
99095 Erfurt, Deutschland
produktsicherheit@kolibri360.de

Druck:
CPI Druckdienstleistungen GmbH
im Auftrag der
Kolibri 360 GmbH
Ferdinand-Jühlke-Str. 7
99095 Erfurt